U0383092

图灵教育

站在巨人的肩上
Standing on the Shoulders of Giants

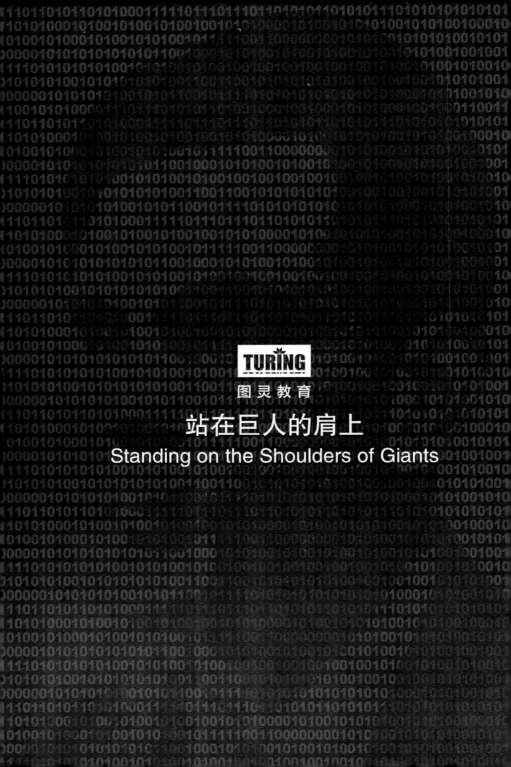

TURING
图灵教育

站在巨人的肩上
Standing on the Shoulders of Giants

TURING

图灵程序
设计丛书

图解
性能优化

[日] 小田圭二 榑松谷仁 ／著
平山毅 冈田宪昌

苏祎 ／译

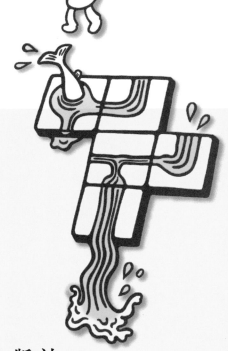

人民邮电出版社
北 京

图书在版编目（CIP）数据

图解性能优化 /（日）小田圭二等著；苏祎译. --
北京：人民邮电出版社，2017.1（2020.6重印）
（图灵程序设计丛书）
ISBN 978-7-115-44242-0

Ⅰ. ①图… Ⅱ. ①小… ②苏… Ⅲ. ①关系数据库系
统—图解 Ⅳ. ①TP311.138-64

中国版本图书馆CIP数据核字（2014）第292033号

内 容 提 要

本书由有着丰富的系统开发和运维经验的Oracle高级顾问执笔，详细解说了系统性能的相关知识。从性能的概念讲起，由浅入深，全面介绍了性能分析的基础知识、实际系统的性能分析、性能调优、性能测试、虚拟化环境下的性能分析、云计算环境下的性能分析等内容。书中列举了丰富的实例，并结合直观的插图，向读者传授了有用的实战技巧。另外，因为系统性能和系统架构密切相关，所以读者在学习系统性能的过程中还能有效地学到系统架构的相关知识。

本书适合基础设施工程师、应用程序开发工程师、系统运维管理人员等人士阅读。

◆ 著　　　　[日]小田圭二　榑松谷仁　平山毅　冈田宪昌
　　译　　　　苏　祎
　　责任编辑　傅志红
　　执行编辑　杜晓静
　　责任印制　彭志环

◆ 人民邮电出版社出版发行　　北京市丰台区成寿寺路11号
　　邮编　100164　　电子邮件　315@ptpress.com.cn
　　网址　http://www.ptpress.com.cn
　　北京虎彩文化传播有限公司印刷

◆ 开本：880×1230　1/32
　　印张：9.75
　　字数：291千字　　　　　　　　　2017年1月第1版
　　印数：5 801 – 6 100册　　　　　2020年6月北京第6次印刷
　　著作权合同登记号　图字：01-2015-3967号

定价：59.00元
读者服务热线：(010)51095183转600　印装质量热线：(010)81055316
反盗版热线：(010)81055315
广告经营许可证：京东市监广登字 20170147 号

译者序

不知读者是否还能回忆起自己第一次碰到性能问题时的场景，可能当时会嘀咕："明明是我细心打磨的程序，怎么会有性能问题呢？"而当找出问题的症结时，自己也会一拍大腿——这个地方怎么当时就没考虑到呢？的确，性能问题就是这样在程序的各个地方考验着开发者。

随着大数据、高并发越来越多地出现在开发人员的用户场景下，开发人员也越来越关注程序的效率问题。小到一个字符串的拼接，大到各个系统的协调，在实现功能之余，性能的优劣也必须纳入评估范围。

性能调优具有以一敌百的功效。性能好的程序与性能差的程序在执行效率、资源消耗方面有几倍甚至几百倍的差距。这对于公司而言是不小的成本差距。

然而，当开发人员想要学习一下性能调优的方法时，很多时候找到的却是对枯燥的命令行或工具的说明书般的介绍。日本的技术书一直有着生动活泼、通俗易懂的口碑，本书亦是如此。作者从实践经验出发，不仅对各种数据结构、算法进行了说明，还介绍了系统命令等。甚至从软件工程的角度，阐述了性能调优在工程中的作用及重要性。针对火热的虚拟化技术和云平台，作者也进行了特别的说明。便于技术人员在钻研技术的同时，从软件工程的整体来看待性能调优。这就是本书与其他同类图书的不同之处。

本书并不是简单的 Linux 性能调优手册，也不是针对性能测试工程师的教材，而是一本让对性能还一知半解的初学者快速了解性能调优在程序、系统、工程中所扮演的角色及基础方法的书。

如果想从普通工程师向高级工程师甚至架构师方向发展的话，性能调优是一个必须跨过的坎。而要想快速地对性能调优有一个整体认识，本书应该是不错的参考。

本书并不是一本严肃的技术书，书中还列举了各种实际开发过程中会出现的场景，例如在性能出现问题时，操作系统、数据库管理员之间互相踢皮球等。相信当读者读到这些段落时，都会会心一笑。

感谢图灵公司的编辑，仔细校对书中的每一处细节，让本书的准确性和流畅性有了很大的提升。由于水平有限，译文中难免有不足和疏漏之处，读者如有发现，还请不吝批评指正。

前　言

　　不再做性能的"客户"！这里的"客户"是说，即使能够开发业务应用程序，能够搭建基础设施，也还是有欠缺的地方，就是与性能相关的知识和技能。

　　如今 IT 正在飞快地发展，变得更容易使用，甚至不知道内部细节也没关系。但是，为了进行性能调优，需要理解系统内部的架构。这看似与时代逆行，但却是非常重要的。在 IT 的世界里，懂得性能调优的人还很少，更多的人只是在紧要关头向那些懂性能的工程师寻求帮助。这就是开头"客户"一词的由来。

　　正如大家所知，IT 的世界正在朝着黑盒化的方向发展。其中，对工程师来说，性能为其提供了一块能永远发挥作用的天地。原因在于，即使 IT 在朝着黑盒化的方向发展，工程师也要在理解结构的基础上对性能进行调优。黑盒化也可以称为"不（用）可视化"。这也意味着工程师的工作会逐渐减少。但是，只有性能是必须深入到内部进行调优的。本书中也会提到，不管是虚拟化还是云计算，关于性能要考虑的地方都增加了。对，不是减少，而是增加。希望本书能在各位工程师未来的工作中派上用场。

　　此外，性能的相关内容是需要在学校（大学）和开发现场一起学习的，光在一个地方学习还不够。这也是性能问题很难掌握的一个原因。因此，本书将从两个方面来说明：大学等课堂中介绍的重要概念和只能在开发现场学到的性能调优技巧。第 1 章介绍在大学等地方学到的理想情况下的性能的相关知识（算法）与算法复杂度等内容。这些内容是基础。第 2 章与第 3 章介绍如何测量性能。第 4 章介绍现实世界中性能调优的相关知识，包括调优方法以及估算等实际业务中用到的内容。第 5 章介绍在项目中性能最受关注的阶段——性能测试。第 6 章和第 7 章介绍近年来性能问题中不能忽视的虚拟化与云计算的情况。

　　希望这本由工程师导师、故障排查者、性能测试工具顾问、某大型虚拟化软件供应商的顾问、云计算顾问等平时很难齐聚一堂的人从理论到实践进行解说的书，能帮助大家理解性能的整体情况。

作者代表　小田圭二

※ 本书中的 URL 等可能会在未予通知的情况下发生变更。

※ 本书在出版时尽量确保了内容的准确性，但作译者、出版社对本书内容
不做任何保证，对于由本书内容和示例程序造成的一切结果，概不负责。

※ 本书中的示例程序、脚本和执行结果页面等，是在特定环境中重现的一
个例子。

※ 本书中使用的公司名、产品名是各公司的商标和注册商标。

目　录

第 1 章　性能的基础知识　　1

第 5 章　性能测试　　151

第 6 章　虚拟化环境下的性能　　209

性能的基础知识

1.1 ‖ 学习性能所必需的知识

在最开始，我们先来介绍一下有关性能的基础理论。

◉ 性能变差的原因示例

曾经有客户过来咨询："处理的数据条数变多时，数据库（DataBase, DB）的处理速度就会变得很慢，这让人很头疼。"听到这样的问题，一般就会马上想到"是不是 DB 的这个 SQL 语句不太好啊？是不是磁盘的 I/O 不太好啊"等，即从一个方面去判断问题的原因。由于当时笔者有一定的知识储备，立即就推断出 DB 进行单个处理的速度并没有变慢。但是据客户说，DB 单次处理的数据量分别为 1000 条和 100 万条时，花费的时间会有几十倍甚至几百倍的差别。由于找不到头绪，就从客户那里要来了应用程序的代码。看了一下源代码，就找出原因了。实际情况如下所示。

第 1 条数据的处理过程是：从文件中读取 1 条数据，并把它放在内存中，接着在 DB 中放入 1 条数据，完成。第 2 条数据的处理过程是：从文件中读取 1 条数据，放在刚才的内存位置的后面，接着在 DB 中放入 1 条数据，完成。第 3 条数据的处理过程是：同样从文件中读取 1 条数据，然后遍历内存，在其后面的位置放入 1 条数据，再在 DB 中放入 1 条数据，完成。

那么，知道这个处理的问题出在哪里了吗？没错，在已经放入 100 万条数据的时候，为了再放入 1 条数据，就需要遍历 100 万次内存（图 1.1）。

编写这个程序的客户可能觉得遍历内存这种处理一下子就能完成了。但是，要知道"积土成山"。本身 DB 的单次处理速度就不快，如果要遍历 100 万次内存的话，速度会更慢。在笔者指出以上问题后，客户显得很不好意思。要解决这个问题，只需增加 1 个变量，来标明内存的最后位置。只需如此，性能就有了几百倍的提升（图 1.2）。

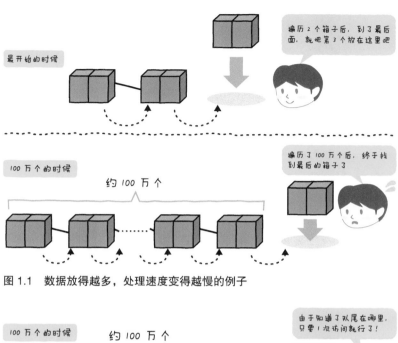

图 1.1 数据放得越多，处理速度变得越慢的例子

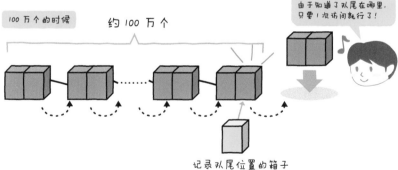

图 1.2 放入很多数据后处理速度也不会变慢的例子

在这个例子中，应用程序的设计是导致性能变差的原因。但是，如果没有这方面的知识，就不会意识到这个原因。在本章中，我们就来说明一下有关性能的基础知识——"算法"。

1.2 ‖ 算法的优缺点与学习方法

1.2.1 什么是算法

首先，请想象一下连成一排的箱子的长队列，这些箱子中放着物品。从这些箱子中找出目标物品所花费的时间长短就代表性能的优劣。如果时间很短，就可以说性能很好。相反，如果时间很长，就称性能很差。

想象一下，从队列的一头依次打开箱子。假设有 1000 个箱子，平均打开 500 个就能找到需要的物品。也就是说，我们需要从一头开始依次打开 500 个箱子。那么有没有效率更高的方法呢？如果把箱子里的物品标上序号排好的话，会更方便查找（图 1.3 上）。比如说，我们要找标着数字"700"的物品。先打开最中间那个箱子，假设出来的是标着数字"500"的物品。因为要查找的数字比它更大，所以我们把目标转向这个箱子的右边部分。在右边的那一部分箱子之中，打开位于正中间的箱子，假设第 2 次找到的是标着"750"的物品。由于需要查找的数字比它更小，因此接下来就要查找这个箱子的左边。这样，通过有效地缩小查找范围，只需要很少的次数就能快速找到需要的数字（图 1.3 下）。

这样的策略或方法就称为"算法"。算法的好坏对性能有很大的影响。

此外，学习算法的好处，不仅仅局限于提升性能。熟练掌握 IT 技能的人也都熟知主要的算法，当新的技术出现的时候，他们可以马上想到"就是那个算法啊"，立刻就能理解。因为对每个算法的优缺点都了然于胸，所以很少会用错。如果只掌握了技术的表面而没有真正理解，或者是仅仅死记硬背了下来，那么或许会一些简单的使用方法，但在实际应用时会很辛苦。因此，掌握算法是 IT 工程师的基本功。

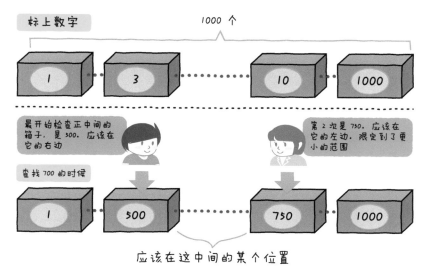

图 1.3 通过改进使查找起来更容易

1.2.2 算法的基础

那么，让我们回到刚才的箱子队列的例子。与现实世界不同的是，这些箱子上都写着地址，如果知道了地址，就能立即打开那个箱子。例如，如果想要看第 100 号箱子的内容，不管自己在哪个位置，都能立即打开第 100 号箱子看里面的内容。

还可以在箱子的里面放入地址。例如，如果将第 100 号箱子的地址放入第 99 号箱子中，那么"100"这个数字就放入到了第 99 号箱子里（图 1.4）。

"①箱子连成一排""②地址""③可以在箱子里面放地址""④知道地址的话就能立即访问"，这 4 点就是算法的基础，也是计算机结构的基础。对此有些了解的人可能会从"可以在箱子里面放地址"这个比喻联想到 C 语言的"指针"。另外，也可能会有人从"知道地址的话就能立即访问"这个比喻联想到 CPU 处理的"物理内存"。有些人可能对指针有恐惧心理，觉得很难，其实理解指针的窍门就是区分"值"和"地址"。如果感到头脑混乱，请想一下这个原则。

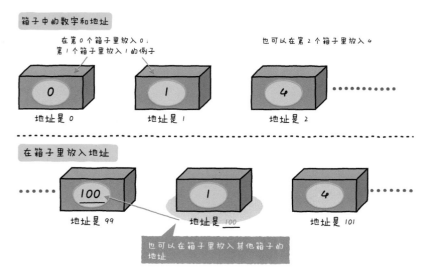

图 1.4　地址是算法的基础

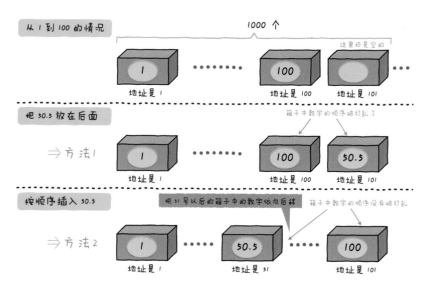

图 1.5　按顺序排，还是不按顺序排

接下来，让我们来考虑一下往箱子里放物品。假如要把从 1 到 100 的数字放到 1000 个箱子中。这里简单起见，假设从 1 开始按顺序放入数字。也就是说，在第 1 个箱子里放入 1，第 2 个箱子里放入 2，第 100 个箱子里放入 100。这样一来，从 101 号箱子开始，之后的箱子都是空的（图 1.5 上）。接着，假设拿到了一个数字 50.5，各位读者会怎么处理呢？这个问题其实没有正确答案。可以在 101 号箱子里放入 50.5（图 1.5 中），也可以把 51 号之后的箱子里面的数字依次后移（图 1.5 下）。这里，我们把前者称为"方法 1"，后者称为"方法 2"。

1.2.3　学习算法的窍门

◉掌握优点和缺点

学习算法的窍门之一就是掌握算法的优点和缺点。那么前面列举的方法 1 和方法 2 各自的优缺点是什么呢？

方法 1 的优点是可以立即将数字放到箱子里。缺点是数字不再按照顺序排列，在查找数字的时候需要把所有的箱子都打开。

而方法 2 的优点是，由于数字是按照顺序排列的，因此可以使用前面介绍的从中间开始查找的方法。缺点就是在存放的时候把数字依次后移会很麻烦。

如各位所见，算法本身都有各自的优点和缺点。"折中"是一个很重要的思维。系统中的很多意外情况都是因为没有注意到这种折中所导致的。例如，由于将数据按照到手的顺序来存放，导致数据量增加时查找会耗费惊人的时间，等等。

另外，这个折中的思维不仅体现在算法上，在架构上也是一样的。

◉通过在图上推演来思考

接着介绍另一个学习的窍门。要理解性能，在图上推演是很重要的。如果读了文字说明后还是不理解，可以试着看一下图。可以的话，推荐自己画图，然后向别人说明。如果能够做到画图说明，就可以说已经理解了算法（或运算指令）。实际去做一下就会知道，在自己尝试着去说明的过程中，会发现那些在理解上模棱两可的地方。

此外，不建议一上来就去掌握和说明一些异常操作，应该先从基本操作开始。之后，作为补充，再去掌握和说明更加详细的操作或异常操作等，这样就足够了。想要一下子理解细枝末节，只会事倍功半。笔者曾在某大型 IT 公司做了 5 年时间的培训老师，有很强的陈述和说明能力，不过还是强烈建议各位读者画图说明，以及在一开始先抛开细枝末节来理解。

1.3 ‖ 算法的应用实例及性能的差异

1.3.1 日常生活中算法的例子

为了让大家切身感受到算法，让我们结合系统处理的流程，来了解算法在日常生活中的广泛应用。

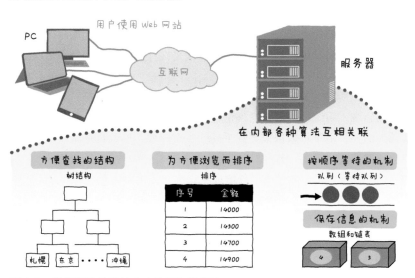

图 1.6 我们身边的系统也在使用各种算法

举一个"预约机票"的例子。假设我们要从东京去北海道，首先查找飞机航班。在进行这样的处理时，大部分系统都会使用"树"（用于查找的机制）。航班会按费用由低到高"排序"（排列的机制）显示。此外，处理待取消的预约时，应该会先登录"队列"（用于等待的机制），接着，把姓名和会员号等放入"数组"或"链表"（用于保存的机制）中保存（图 1.6）。我们的生活就是这样与 IT 的算法有着无法割舍的关系。

1.3.2 对性能的影响程度

理解了算法的重要性后，接着我们来切身感受一下由于算法不同而导致的性能差别。本书的前半部分把 Mega（M）作为标准单位来使用。Mega 是表示 100 万的单位，在最近的系统中，这样的数据量已经很常见了。把算法的好坏放在处理 100 万个数据的情况下来考虑，会更容易理解。

首先，我们考虑一下从 100 万个数据中找出某一个特定数据的情况。假设检查 1 个数据需要花费 1 毫秒。如果使用从一头开始逐个检查所有数据的算法的话，因为从概率论来说要检查一半数据后才能找到要找的数据，所以可以计算出需要花费 50 万次 ×1 毫秒，也就是 500 秒。

接着，我们来考虑一下对于已经排好序的数据，一半一半地来查找的算法。首先，检查 100 万个数据的正中间的数据，假设数值是"50万"。如果要查找的数据比 50 万小，就查找左半部分；如果比 50 万大，就查找右半部分的数据集，以此类推。这样，每检查 1 次就可以把查找范围缩小一半。虽然一开始有 100 万个查找对象，但检查 1 次后，查找对象就变成了 50 万个，接着变成 25 万个，再接着变成 12.5 万个。那么，什么时候查找对象会变为 1 个呢？通过计算我们可以知道大概是在第 20 次的时候（图 1.7）。检查 1 个数据花费 1 毫秒的话，总共就是 20 毫秒，与 500 秒相比就是一瞬间的事。读者可能会想："当然不会使用从头开始依次检查这样没有效率的方法了！"但是计算机经常会被迫进行这样没有效率的处理，只是使用的人没有意识到而已。

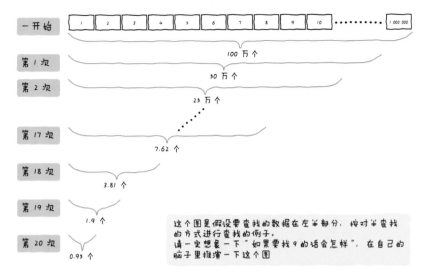

图 1.7 优秀的算法处理速度快

◉可以忽略一些微小的系统开销

不过，一些一线程序员可能会想："从头开始依次查找的方法和对半查找的方法相比，查找 1 个数据的时间应该是有差别的。从头开始查找的方法程序写起来比较简单。"的确，使用从头开始查找的方法，程序的编写比较轻松，处理也很简单，因此要查找 1 个数据花费的时间也很短。而使用对半查找的方法，需要记录自己检查到了哪个位置，还要计算下一步把哪部分数据对半，这是相对费事的。但其花费的时间是第一个方法的 1.5 倍？还是 2 倍？还是 3 倍？这里希望大家能有一种感觉，那就是这里所花费的时间从整体来看是很微小的，完全可以忽略。即使是 2 倍，那所花费的时间也只是 40 毫秒，3 倍的话也只是 60 毫秒。与从头开始查找所要花费的 500 秒比起来，差别依旧是很大的。

基于以上原因，在比较算法优劣的时候，会忽略掉一些微小的系统开销。我们应该关注的是随着数据个数的变化，所花费的时间会以怎样的曲线发生变化。因为有一些算法，在数据只有一两个的时候性能很好，但是当数据个数达到几千到几万的时候，性能会急剧下降。

1.3.3 评价算法的指标

将数据的个数用变量 n 来表示，让我们来比较一下直线 $y = n$ 和曲线 $y = n^2$。可以发现 $y = n^2$ 的值会急剧变大（图 1.8）。即使是用 $y = 2n$ 这条直线来与曲线 $y = n^2$ 作比较，差别也依然很大。在这里，$2n$ 的"2"对整体是不产生影响的，这就属于前面提到的"可以忽略的系统开销"。

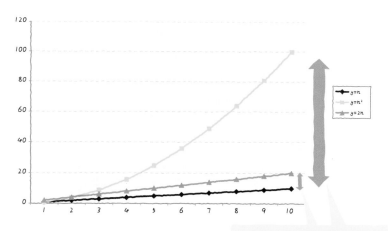

图 1.8 数据个数与所需时间的关系①

◉ 什么是复杂度

计算机原则上是处理大量数据的东西，所以我们只关心当数据量变大时决定性能优劣的关键（Key）。这个关键就是"复杂度"（Order）。在前面列举的 $y = n$ 或 $y = 2n$ 中，其复杂度标记为 $O(n)$。而 $O(1)$ 则表示不会受到数据量增加的影响。作为算法来说，这就非常好了。

打个比方，查找最小值的情况下，如果要从分散的数据的一端开始搜索，就需要查看所有的数据。换句话说，复杂度是 $O(n)$。但若数据是按顺序排列的，那第 1 个数据就是最小值，所以只要查看 1 次就完成了，复杂度就是 $O(1)$。若数据个数是 5 个或 10 个这样的小数字，两者花费的时间差距可能只有几毫秒。但是若数据量达到了 100 万个会怎么样呢？这就会产生大约 1000 秒的差距。

◉通过复杂度来评价算法

接下来，我们就针对"查找数据"这种对计算机来说非常基础的操作，来通过复杂度判断一下算法的优劣。刚才已经介绍了将所有数据从头到尾查找一遍的方法。此外，还有一个非常有名的能提高数据查找效率的方法叫作"树"（图 1.9）。

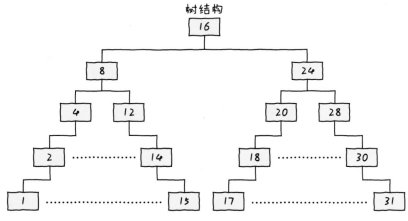

图 1.9　树结构

在树的根节点放置 1 个数据，接着将比它大的数据放在右边，比它小的数据放在左边，以此方式进行分类。对分类到左右两边的数据，以同样的方法进行分类。这样就会生成一个像"树"一样的结构。从树的根节点开始查找，直到找到目标数据为止，这一过程就是把数据对半分的操作。这种操作的复杂度标记为 $O(\log n)$。$\log n$ 指的是把 n 除以 2 多少次后会变为 1。大体来说，它的复杂度处于 $O(1)$ 和 $O(n)$ 之间，用图来表示的话，可以看到即便数据变大，$O(\log n)$ 曲线也只是缓缓地上升（图 1.10）。

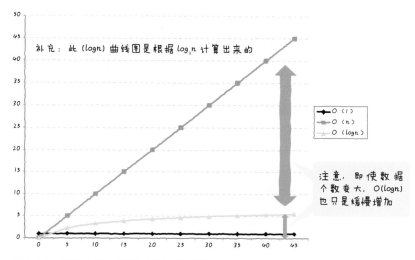

图 1.10　数据个数与所需时间的关系②

　　在本书的讨论范围中，大家只要掌握 $O(1)$、$O(n)$ 和 $O(\log n)$ 就足够了。在数据量小的时候，$O(n)$ 的性能有时可能会超过 $O(1)$，但当数据量变大时，一定是 $O(1)$ 胜出。在评价算法优劣的时候，首先要考虑到数据量很大的情况。

　　不过，这只是理想世界中的性能，当然还不能在实际中使用。从第 3 章开始，我会针对现实世界中的性能进行说明。

 COLUMN

学习信息科学的重要性

　　这里我们从算法和复杂度的角度介绍了信息科学的一个方面。笔者（小田）在大学的时候学的是信息科学专业。说实话，当时也会怀疑它在实际工作中是否有用，但是现在笔者的想法已经不一样了。

　　现在笔者认为，信息科学是全部 IT 工程师在早期就应该掌握的内容。信息科学是计算机的核心。要想成为一名工作能力优秀的工程师，信息科学是必学的内容。

举例来说，有一个理论叫"香农信息论"，它教给我们"什么是信息""数据可以压缩到什么程度""数据应该如何在计算机内部存储"等一些计算机的核心概念，并引发我们思考。在图像数据的压缩、加密等方面，也都会涉及它。

大家也不妨试着学习一下信息科学。笔者站在指导者的立场上，觉得信息处理技术考试的"基本信息技术考试"①就很有学习价值。没有在教育机构学习过计算机的读者不妨去试着考一下基本信息技术考试，一定能学到一些基础的东西。这些基础的东西会在将来学习实际应用的时候发挥很大的作用。

1.4 响应与吞吐的区别

在考虑性能时还有两个重要概念，就是响应与吞吐。响应表示的是应答的快慢，而吞吐表示的是处理数量的多少。初学者可能经常会混淆这两个概念，我们来完整地学习一下它们。

打个比方，响应就像是几乎装载不了东西，但速度飞快的 F1 赛车。而吞吐则像是速度很慢，但能装载大量货物的自卸卡车。不论哪个都很有用。

有些时候，虽然响应较慢，但吞吐会比较高。这是怎么一回事呢？比如，同时处理的数据条数增加时就是这种情况。虽然每条的处理时间并没有变快，但是某一段时间内处理的条数增加了（图 1.11）。这也可以称为性能提升。

如果这一点没弄清的话，就很容易在实际工作中犯下"明明优化了机器的配置，但性能并没有提高"这样常见的错误。实际上是响应有问题，却增加了 CPU 核心数，这样怎么能指望收到相应的效果呢？只是

① 类似于我国的计算机等级考试。"基本信息技术考试"是"信息技术考试"中等级最低的考试，上面还有"应用"及各个专项考试（系统架构、项目管理、网络、数据库等 9 种）。——译者注

增加了空转的 CPU 核心而已。所以要养成习惯，先确认问题是出在响应上还是吞吐上。

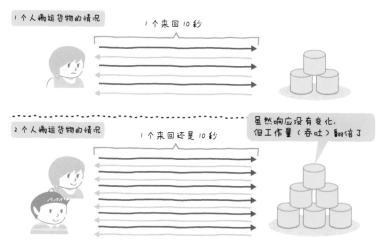

图 1.11　响应和吞吐的关系

　　在实际环境中，有的系统偏重于响应，有的系统偏重于吞吐。偏重于响应是一剂万能药。因为响应变快的话，一般来说吞吐也会变大。但是，就像 CPU 的时钟频率和磁盘的 I/O 速度会有一个极限一样，物理上的增速也是有限度的，硬件并不能无限地提速。这时候就需要偏重于吞吐的系统上场了。这种情况经常会在高并发用户的系统中看到。互联网上的热门网站，应该都被设计成即使访问很集中，响应也不会变慢。像这样擅长高并发处理的系统称为"偏重吞吐的系统"。

　　把个人使用的 PC 和系统使用的服务器（特别是大型服务器）比较来看的话，可以发现 CPU 的时钟数并没有很大的差异，但是价格却相差了数十到数百倍。产生这样大的价格差的一个重要原因，是服务器为了能支持高并发而进行了优化。服务器往往配备了多个 CPU 来同时处理，并准备了大量的内存，还能使用被称为总线的数据通道来有效地并发执行多个处理，另外 I/O 的性能也很高，一般不会阻塞处理的执行。

　　在考虑性能时，请经常有意识地思考一下系统是偏重于响应，还是偏重于吞吐。

COLUMN

系统工程师学习编程的重要性

　　本章虽然是在讲算法，但想要真正掌握算法还是要靠编程。在这个意义上，我认为系统工程师最好也做一下编程。笔者曾经在大学时做过编程。那个时候的经验对于现在的系统工程师工作是非常有用的。笔者从一个教育者的角度来看，对于很多毫无经验的系统工程师新人来说，编程经验不足会成为瓶颈，阻碍个人的发展。没有编程经验，就无法进行整体的把握，不能举一反三，只能死记硬背。

　　应用开发工程师转为系统工程师的话，可能一开始会比较辛苦，但因为懂算法，所以从长远来看成长空间很大，日后肯定能大展身手。如果可能的话，请将应用开发工程师和系统工程师这两个职业都体验一下。

1.5 ‖ 算法的具体例子

1.5.1 数组与循环处理

　　接着我们来介绍一下主要的算法及其优缺点。首先是"数组"与"循环处理"[①]。数组就是一定个数的箱子并列排在一起，指定了数组中第几个（称为"下标"）的话，就能立即访问那个位置。并且，如果数据是按顺序放入的，那么下标也可以用来记录数据已经插入到了哪个位置，或者处理进行到了哪个位置（图 1.12）。下一次处理的时候，就可以直接从被记录的箱子之后的位置开始，从而提高按顺序处理的效率。

---

① 可能有人会说"数组是数据结构"。由于它有数据结构所赋予的算法的特性，因此请允许笔者在此进行说明。

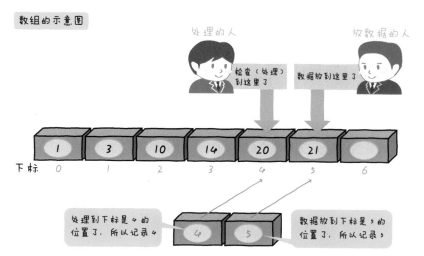

图 1.12　数组的示意图

下面举一个循环结构和数组整合在一起的例子。使用文字描述整个流程，如图 1.13 所示。

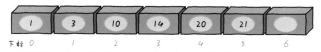

图 1.13　使用数组进行循环处理

◉复杂度

该怎么表示复杂度呢？是 $O(1)$ 呢？还是 $O(n)$ 呢？还是 $O(\log n)$ 呢？当处理的数据个数是 n 的时候，需要 n 次循环处理，因此正确答案是 $O(n)$。让我们替换上具体数字来确认一下吧。假设需要对 100 万个数据进行处理，每个处理需要花费 1 纳秒，因为是 3 个处理的循环，所以就是将 3 纳秒循环 100 万次，计算可得结果为 3 秒。那么，1000 万个的话就是 30 秒。n 变为原来的 10 倍后，花费的时间也增加到 10 倍。的确，就是 $O(n)$。

◉优点

数组的一个优点就是适用于循环处理。在循环过程中一个个遍历数组元素，这样的处理方法也比较容易用代码实现。

此外，数组很简单，因此初学者一开始就会学习这个数据结构。数组也适用于按顺序存放数据、查找数据。计算机的内存本身就是按照方便数组创建的形式构成的。因此，在内存中临时进行处理时，数组是用得很多的数据结构。

◉缺点

数组的缺点是，如果事先不知道数组长度的话，就会占用过多的空间，或者在后面发现空间不够。另外，在数组中间插入数据也不方便。数组就像是紧紧连在一起的一排箱子，如果需要插入数据，就只能把数据一个个往后移。

因此，存放的数据会长期慢慢增多时，或者数据会频繁修改的情况下，使用数组就会比较麻烦。

◉改进与变种

有些时候也会使用"数组的数组"。例如，在 C 语言等中，使用数组的数组来存放字符串。在这种情况下，一部分存放的是地址（图 1.14）。

此外，可以另外准备一个变量来标明数据已经放入到哪个位置了，以便能立即添加数据。在本章开头部分介绍的笔者亲身经历的那个例子中，使用的就是这种处理方法。

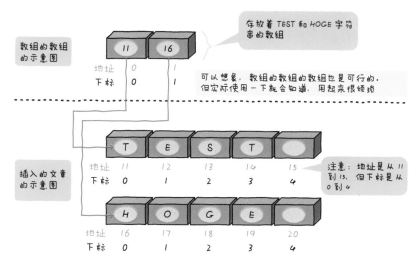

图 1.14　数组的数组的示意图

1.5.2 链表与循环处理

　　链表在算法的世界中也称为"链表结构"，指的是像链条一样的结构。链表就像多个珠子串联在一起，可以像数组一样按顺序遍历。不同的是，数组结构中的箱子贴在一起不能分离，而在链表结构中，则像是用绳子一样的东西把箱子连接在一起（图 1.15）。

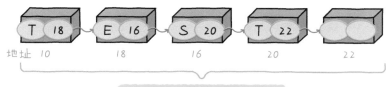

图 1.15　链表结构的示意图

◉复杂度

那么链表的复杂度怎么计算呢？如果是 10 倍的数据量，那么需要遍历的次数就会变为 10 倍。因此，其复杂度是 $O(n)$。在实际的编程中，为了访问下一个箱子，需要检查箱子内部的值，来确认下一个箱子在哪里，这就增加了一个步骤。但是，这对整体是没有影响的。

◉优点

链表的好处在于它的灵活性。如果需要插入数据的话，只要在插入数据后把箱子连接起来就行了（图 1.16），不需要像数组那样把数据依次往后移。添加箱子也很容易。因此，链表经常被用来管理容易变化的东西。

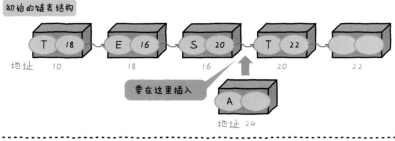

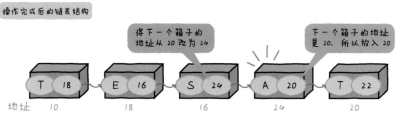

图 1.16　链表结构的灵活性

◉缺点

如果只考虑其优点的话，似乎不管什么情况下，使用链表都比使用数组更方便。但是，事情并不这么简单。

并不是所有情况下都可以使用"知道地址的话就能立即访问"这样的优点。比如，假设想要访问后面第 4 个箱子的数据。这个时候，如果是数组的话，只需指定"后面第 4 个"就能立即访问，而链表的话则没办法这么做（图 1.17）。

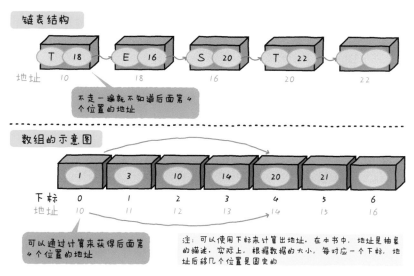

图 1.17　链表结构与数组的差别

◉ 改进与变种

有一种既能往前遍历又能往后遍历的链表，称为"双向链表"。

1.5.3　树与查找

把一棵树倒过来的结构，就是称为"树"的数据结构。在很多情况下，性能所对应的主要处理内容就是"查找相应的数据"。可以说，树结构就是为了方便查找而创造出来的。即使数据量增加了，层级也不会随之增加，这就是它的特点。如图 1.18 所示，一个一个的连接点或端点称为节点（Node）。数据是按顺序排列的。

我们来看一下 1000 个数据与 100 万个数据的情况下树的高度。"高度"指的就是层级,表示访问多少次后能找到目标数据。1000 个数据的话是 32 次。100 万个数据的话是 1000 次。虽然数据变为 1000 倍,但是高度只变为 30 倍。

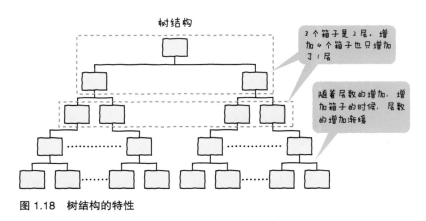

图 1.18　树结构的特性

◉复杂度

　　把数据分成两股后,可以处理的数据量也成倍增加,即 2 的 x 次方。复杂度的增加反而逐渐变弱,与 2 的 x 次方相反,表示为 $x = \log_2 n$。这就是以前数学中学到的对数。

　　研究一下这个对数曲线图可以发现,随着数据量的增加,复杂度是缓缓增加的。这就是树的特性。随着数据量的增加,树结构可以比数组及链表的 $O(n)$ 更快地进行处理(图 1.19)。

　　让我们来比较一下分别用数组和树来查找 100 万个数据的情况。假设检查 1 个箱子的数据花费 1 毫秒,用数组查找 100 万个数据就需要 1000 秒。而使用树的话,1000 层花费 1 秒。大家可以看到这个效果有多明显了吧。

◉优点

　　树的优点是可以不用检查无关的数据。例如,选择查找树的右边的话,就可以不查找树的左边。并且,在查找的过程中,查找范围会逐渐缩小。假设需要查找 100 到 1000 这个范围的话，只需查找树的一部分就可以了。

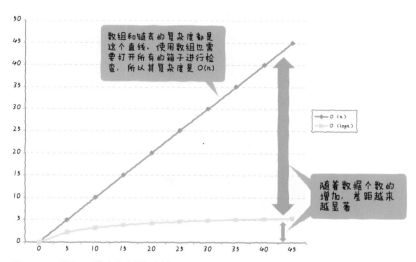

图 1.19　数组、链表与树的比较

◉缺点

　　首先，数据更新不方便。由于数据是按顺序排列的，如果要更新数据，需要先删除数据，然后再将其插入到正确的位置。而删除数据的位置，通常不会被填充，而是就这么空着。这样一来，空闲位置慢慢增多，会导致性能变差。

　　另外，如果总是放入相同的数据，会导致仅某一个特定位置的分支不断延伸，这样就不能发挥出它的性能优势（图 1.20 左）。而且当左右的平衡被破坏后，想要修复就需要很复杂的操作。如果左边数据过多，就需要把一些数据从左边移到右边（图 1.20 右）。我们经常听到"DB 的索引碎片化了，需要再整理一遍"，就是因为出现了这样的情况。

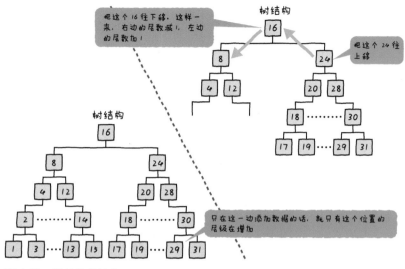

图 1.20　树结构的缺点

◉ 改进与变种

　　以上介绍的树称为"二叉树"。实际上，也存在 n 叉树。在 n 叉树中，树的高度会更低，查找也更有效率。例如，16 叉树的话，高度只有 5。16 的 5 次方是 1 048 576。如果在内存上能处理的话，二叉树就很简单实用了。而如果要调用存放在磁盘上的数据，为了减少调用次数，n 叉树则更合适。

　　产品中经常会使用"B 树"，这是尽量保持各分叉平衡的多叉树。"B+ 树"是"B 树"的变种，只在树的叶子节点处存放数据。

　　大家可能经常会见到"B* 树"这个名称，这是叶子节点连接成的链表结构（图 1.21）。B+ 树和 B* 树在 DB 和文件系统中都很常见，请好好掌握。

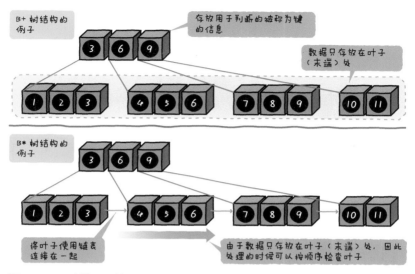

图 1.21　B+ 树与 B* 树

1.5.4　散列算法

笔者在大学的时候首次接触到该算法，使用该算法几乎只需要一次计算就能找出数据，这令笔者颇为震惊。还记得当时曾感慨"我是绝对想不到这种方法的"。首先，准备好与数据量相同或更大的数组。接着，对各个数据进行名为"散列"的运算，确定存放数据的位置（数组的下标）（图 1.22）。

最容易理解的散列计算就是取余（余数）的计算。假设有 8 个数据（1、5、9、13、16、27、38、102）。首先，准备好有 10 个箱子的数组。接着，对这些数据进行取余计算，把结果当作下标来使用。例如，1 除以 10 的余数是 1，13 除以 10 的余数是 3。通过这样计算，就能确定从 0 到 9 的下标。这些下标标明的就是数据存放的位置。接着，我们来试着找一下 102。没有必要从数组的开头依次查找，而是进行取余计算，得到余数 2。然后，利用"知道地址的话就能立即访问"这一计算机的特性，马上就能访问到 102。

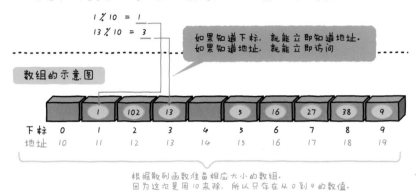

图 1.22　散列计算的机制

◉复杂度

　　假设数据都已经放到箱子里了，那么散列算法的复杂度如何呢？由于只需要计算散列值，因此复杂度与数据的个数没有关系。也就是说，复杂度是 $O(1)$。不管数据怎么增加，几乎一瞬间都能获得结果。大家不觉得这个算法相当神奇吗？

◉优点

　　不必多说，散列算法的优点就是不论数据量怎么增加，都可以在一定时间内完成查找处理。并且，散列函数有消除不平衡性的效果。就上面的例子来说，数据大多是一位数或 10 到 20 之间的数字。102 前后空空荡荡。使用散列函数计算后，就不会产生这种空荡荡的情况。

◉缺点

　　虽然前面写了"消除不平衡性"，但是对于相同的数据，该算法是无能为力的，因为它们的散列值是相同的。此外，也存在不同的数据凑巧有相同的散列值的情况。例如，18 和 28 被 10 除，余数都是 8。我们把获得相同散列值的现象称为"碰撞"。这个时候应该怎么办呢？一个方法就是用链表结构连接起来（图 1.23）。另一个方法叫作"重散列"（ReHash），即再一次计算散列值，将其放在另外一个位置。

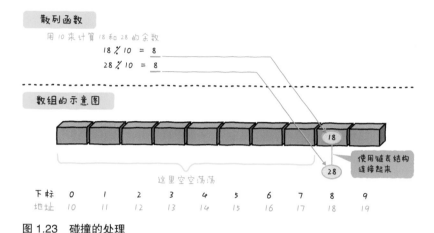

图 1.23　碰撞的处理

要注意由数据引起的不平衡情况。曾经在一个测试中，散列算法的效果没有表现出来，出现了不平衡，于是笔者就想这是为什么，调查一下原因才发现，因为数据是 11、21、31、41 这样有规则的，导致了余数相同。测试数据很难与生产环境的数据一致，一不小心就会拿到这种有规则的数据，请注意这种情况。

散列算法的一个隐形缺点是，用散列进行计算，并将其放入数组中，整个工作会花费很长时间（是 $O(n)$）。因为进行查找前的这个工作很费时，所以虽然看起来散列算法是万能的，但其实要视实际情况而定。

◉ 改进与变种

可能读者会发出这样的疑问：应该如何计算字符串的散列值呢？字母也可以转化为数字。例如，由于在计算机中使用"字符编码"这样的数字来表示字符，因此可以考虑把字符串的字符编码的数字全部加起来，再计算余数。

1.5.5　队列

队列的大致流程就像是往管道中一个一个地放入小球，然后小球从管道前头一个个出来（图 1.24）。队列适用于按顺序处理的工作。超市里收银台前排起的队、银行里排起的队都是队列。和大家的直观感受是一样的。

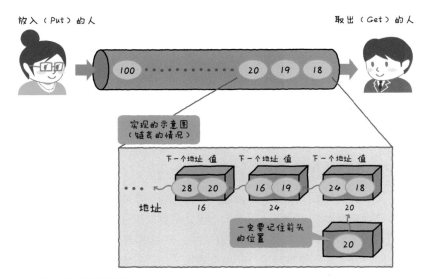

图 1.24　队列的示意图

很难注意到的是，在系统中到处都存在着队列。比如，用《图解 OS、存储、网络：DB 的内部机制》[①] 这本书中的图来作一下说明，在图中的这些地方都存在着队列（图 1.25）。

我们把先放入的先处理这种形式称为 FIFO（First In First Out）。

◉复杂度

各个处理的复杂度一般都是 $O(1)$。只要记录了开头的数据在哪个位

---

① 原书名为『絵で見てわかる OS/ ストレージ / ネットワーク〜 DB はこう使っている』。截至目前（2016 年 7 月），尚无中文版。——译者注

置，就可以立即进行处理。

　　另外，当队列出现性能问题的时候，通常是由于对队列进行了扫描（全部检查）。在清除队列的时候，或者不按放入顺序取出数据的时候，就会发生这样的操作。这个时候，复杂度就会变成 $O(n)$，很容易出现性能问题。

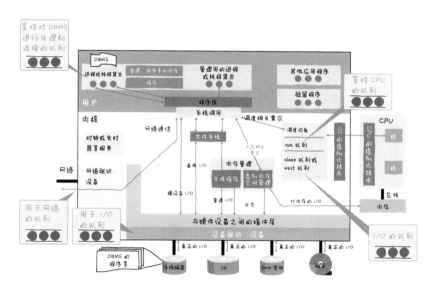

图 1.25　队列无处不在

◉优点

　　当有大量处理涌入时，可以先将其放入队列中，使其按到达顺序等待。访问高人气网站时，有时需要稍等片刻才会显示出画面。这种情况就是处理被放入到了某一个队列中，等前面的处理结束后才会进行。

　　此外，把队列用于多个系统之间的连接点，还可以将其作为缓冲。笔者也将其称为"分割事务"（图 1.26）。对于不稳定的系统或互联网来说，这是一个有效的手段。

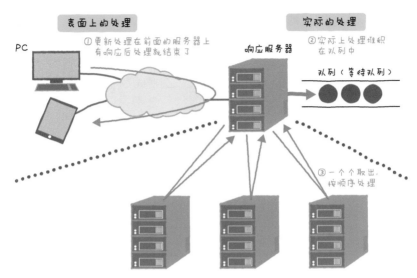

图 1.26 通过堆积使处理分阶段进行

　　这样一来，用户的等待时间就会变短。另外，就算一下子来了很多处理，也不容易超出服务器的负荷。这就是把处理先堆积起来的好处。不过需要注意的是，这种方式并不适用于那些需要实时响应的处理。另外，为了确认处理结果，需要之后再重新访问一次。

◉缺点

　　队列并不是没有极限的，它也会溢出。在这种情况下，请求发起者不能分辨请求是已经完成了还是失败了。请求者会看到"响应有延迟，请稍后再试"这样的提示，而这个提示在队列溢出时也会出现。

　　此外，并不是把请求存放在队列里就万事大吉了。一旦过了时效，请求也就失效了。有时候比起把失效的请求暂存起来，直接将其判定为错误会让系统整体更健全（图 1.27）。这个问题会在第 4 章详细说明。

◉改进与变种

　　除了使用链表结构之外，通过数组组成环形结构（到了最后面就再从头开始）来实现队列也是很常见的（图 1.28）。

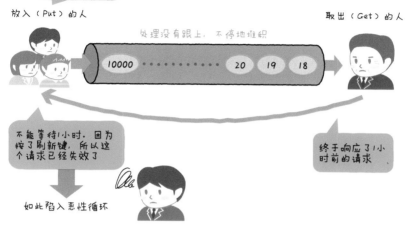

图 1.27　堆积太多也不好

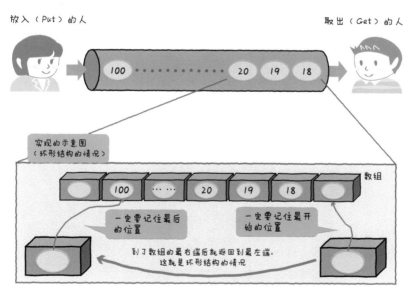

图 1.28　队列的实现（环形结构）

有时候也会把队列的数据存放到 DB 或文件中（特别是如果数据丢失会很麻烦的情况下，通常会将其放在 DB 里），甚至有时候服务器和系统自身从整体来看也变成了一个队列。例如，在证券市场等场合中，从证券公司接受请求，然后基于一定的规则，按请求顺序来进行处理。从这个意义上来说，证券市场也可以被称为是一个庞大的队列系统。

使用数组和链表来实现队列的时候，随着数据的增加，从队列中查找数据的时间也会相应增加。因此，有时候为了能更方便地从队列中查找数据，也会特意使用树结构来实现队列。

1.5.6　栈

如果把队列描述为向管道中放入小球，那么"栈"就可以被描述为把文件和书等从下往上不断堆积。并且，栈的处理顺序是从上往下的。换句话说，就是新来的优先处理。比如，在写程序的时候，会碰到函数 A 要调用函数 B，函数 B 要调用函数 C 这样连续的处理。这个时候，在函数 A 的上面是函数 B，函数 B 的上面是函数 C（图 1.29）。

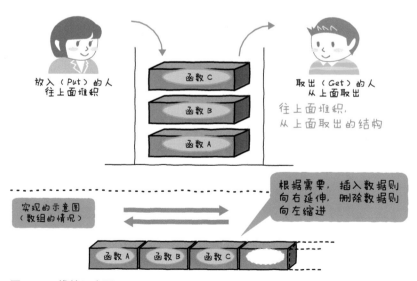

图 1.29　栈的示意图

像这样，先放入的东西反而后处理的方式叫作 FILO（First In Last Out）。

◉复杂度

单次处理的复杂度通常是 $O(1)$。

◉优点

栈的优点是：只占用必要的空间，不会让空间产生碎片。只要处理一完成，那部分空间就会被腾出来，形成连续的闲置空间，这样就可以在那里放置下一个请求（图 1.30）。

OS 在执行程序的时候，也使用这样的机制。因此，系统就不会白白浪费内存空间，可以运行尽可能多的函数。这个特性是队列很难实现的。

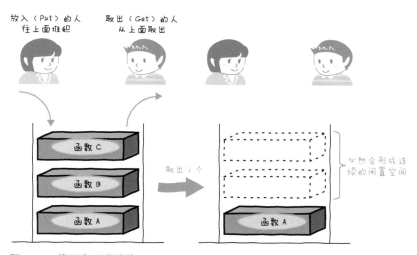

图 1.30　栈不会形成碎片

◉缺点

FILO 适用的情况很少。另外，硬要说的话，那就是最先放进去的数据会被一直放置到最后。但是，由于这个算法就是以此为前提的，因此在使用这个算法的系统中，大部分情况下都不会出现问题。

◉ 改进与变种

在 OS 上见到的进程的栈轨迹（Stack Trace）、Java VM 的 Thread Dump 的栈轨迹就是遍历栈后所获得的信息。换句话说，它以栈的形式展现了哪个函数调用了哪个函数。

1.5.7　排序（快速排序）

"排序"就是将数据按顺序排列。比较容易理解的是插入排序（Insert Sort），即把数据一个个取出来，插入到链表中的相应位置（图 1.31）。

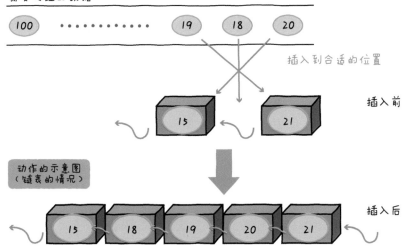

图 1.31　插入排序的示意图

这里介绍一下在排序中性能不错的快速排序（Quick Sort）。假设数组中有 1 到 20 的数据，我们选择一个中间位置的数字 10，把比 10 小的数字移到数组左边，比 10 大的数字移到右边。接着，将左边的数字按照同样的方法进行划分，这样左边的数据就被很整齐地排好了。右边也同理。像这样，快速排序就像是从上往下生成树结构一样。

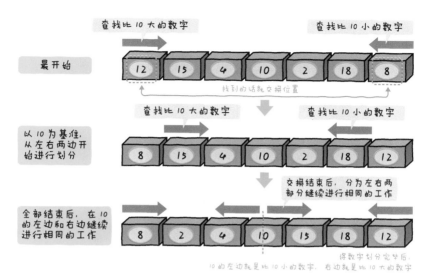

图 1.32 快速排序的示意图

◉ 复杂度

快速排序的复杂度平均来说是 $O(n\log n)$[1]。

◉ 优点

排序整体的优点就是可以使查找数据的速度变快。并且，通过排序，可以了解数据的重复情况。

◉ 缺点

排序的缺点就是排序本身会花费一定的时间。和进行 1 次查找比起来，排序更花时间。如果后面会频繁查找数据的话，排序就是一个有价值的工作，如果只会查找 1 次，那排序所带来的好处就很少了。

另外，费时也常常意味着成本上升。

---

[1] 如果考虑到异常情况等，复杂度则是 $O(n^2)$。因篇幅有限，本书中不再说明复杂度的计算方法以及异常情况。

◉改进与变种

排序的变种有很多，比较常见的有归并排序（Merge Sort）等。所谓归并排序，就是把排序完成的同类数据合并到一起，生成更大的排序数据的方法。

1.5.8　缓存①（回写）

虽然不能把缓存称为算法，但在考虑性能时它是一个非常重要的技术，所以在此介绍一下。缓存指的是"偷偷存放"的意思。在计算机中，缓存指的是为了提高性能而保存的东西。因为是为了提高性能，所以它比实际存放的场所距离更近，速度也更快。例如，CPU 也带有缓存。由于从主存储器和磁盘读取数据比较花时间，因此把经常使用的数据放在临近的位置有很多好处（图 1.33）。

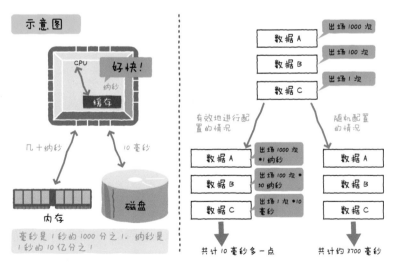

图 1.33　缓存的优点

回写（Write Back）这种缓存方式指的是之后更新数据的方式，即在更新数据的时候，不更新数据实际存放的地方的数据，只更新缓存内的数据，之后再更新数据实际存放的地方（图 1.34）。

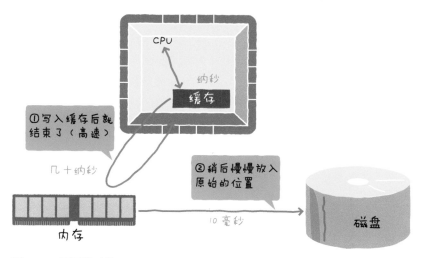

图 1.34　回写的动作

◉优点

　　数据实际存放的地方一般离得很远，所以处理速度很慢。回写则可以不用等待写入数据实际存放的地方，所以速度很快。

　　当然，如果读取也能通过缓存来进行，速度也很快。

◉缺点

　　如果缓存中的数据丢失，那么数据实际存放的地方的数据就一直是老数据，可能会导致数据不一致。如果一定要在数据实际存放的地方保存，就要使用后面提到的直写（Write Through）的方法。

◉改进与变种

　　有一些缓存是不会丢失数据的。如果缓存标有"非易失性"（Non-volatile）或"电池备份"（Battery Backup）等词语，那么即使突然停电或死机，数据应该也不会丢失。当然，进行了这样改进的缓存一般价格也很高。

1.5.9　缓存②（直写）

有时数据实际存放的地方也必须更新，这种情况下就要使用直写的方法。直写虽然会花费一些时间，但能确切地进行数据更新。例如"数据保存"等，因为数据丢失了会很麻烦，所以就需要确保写入磁盘。

◉优点

如果在缓存中有数据的话，读取会非常快速，并且也能确保数据写入。

◉缺点

完全写入数据实际存放的地方会花费时间，导致响应速度变慢。

◉改进与变种

在 OS 上写入东西的时候，并不是都是直写的方式，有时也会先暂时写入缓存，稍后再写入 OS。这就是 OS 必须要有关机这一步骤的一个原因。在关机的过程中，系统会将还未写入的数据同步到磁盘中。

当然，重要的写入一般都会指定"实时写入"。例如，DBMS 的日志数据如果丢失的话会很麻烦，所以通常都是"实时写入"。这就是即使机器死机了，DBMS 的数据还能恢复的原因。

‖‖ COLUMN

‖ DBMS 是数据结构与算法的宝库

短期或长期保存数据，并且极致追求性能，这就是 DBMS。因此，DBMS 中使用了各种数据结构和算法。学习了 DBMS 的内部结构后，自然而然地就对算法有详细的了解了。

例如，在索引中经常会使用树结构，有的 DBMS 在表的连接中使用散列。在 SQL 的处理中会出现排序，在生成索引时也需要排序。

笔者经常跟周围的人说"如果一个人在考虑算法的时候把 DBMS 也考虑进去，并以此来进行整体优化的话，那他就能独当一面了"。这是因为在工作中，很多人在进行优化时只考虑应用程序的算法（例如，应用程序根据需要只对 DBMS 进行必要的访问，如图 A 左边的例子），或者只考虑 DBMS（如图 A 右边的例子所示，认为 DBMS 的访问速度很快，应该没什么问题）。

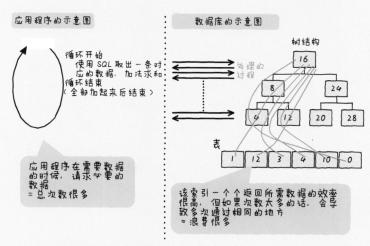

图 A　常见的低效率情形

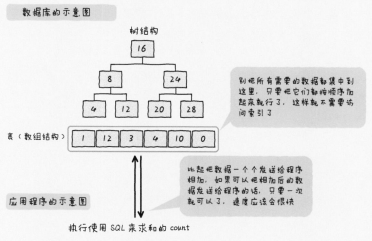

图 B　养成从整体来考虑的习惯

　　我们不应该这样片面地考虑，而应该把应用程序的算法和 DBMS 的算法放在一起来考虑，设计出整体来说最快的方法（图 B）。特别是在进行批处理时，这种方式是很重要的。

　　如果想要成为 DBMS 的专家，就学一下算法吧，一定会更擅长性能调优。

1.5.10　锁与性能

　　笔者在阅读介绍性能的图书时，经常会感到对于"锁"的说明还远远不够。在现实生活的性能问题中，和锁相关的问题是最多的。说到锁，会很容易想到 DB 的"行锁""表锁""Java 的锁"（synchronized）等，但除此之外，还有"CPU 的命令级别的锁""OS 内部的锁""DB 内部的锁"等，各种各样的锁无处不在。关于锁的实际操作我们会在第 4 章介绍，这里先介绍一下锁的相关知识。

◉锁的本质

　　锁是在并行处理的情况下所必需的机制。例如，在链表结构下，某个程序想要在 1 和 4 之间插入数据 2。几乎在同一时间，另一个程序想要在 1 和 4 之间插入数据 3。这时会出现什么情况呢？链表的结构就会被破坏掉（图 1.35）。

　　为了防止出现这样的情况，在更新链表的时候就需要让别的程序等待。锁说到底就是在某个处理进行期间起到保护作用的机制，是为了防止别的处理侵入。

　　前面介绍过的算法事实上很多都不允许时间上的偏差。除了数组的更新之外，链表结构、队列、栈以及树的更新也是如此。可能你也注意到了，基本上数据的更新操作都要用锁来进行保护。不过，如果已经知道只有自己会进行操作，那么不使用锁也没关系。之所以在学校里几乎不写使用锁的程序，就是这个原因。多人使用的实际系统中隐藏了大量的锁。

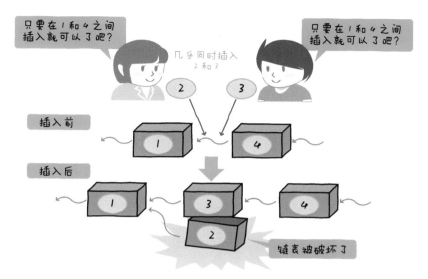

图 1.35 必须使用锁的原因

另外，读取有时也需要加锁。例如读取一个值后，一边处理这个值一边进行更新的情况。如果这个值在处理过程中发生了变化的话就会很麻烦，所以在读取的时候也要用到锁。

◉ 锁等待的时候发生了什么事

只有一个处理在进行的时候，不会发生锁等待。因此，在开发的时候一般都不会注意到。但是，在性能测试和在生产环境中运行的时候，就会有多个请求同时涌入，这样等待锁被释放的处理的数量也就增加了。等待锁释放就像是在银行柜台或超市收银台前排起的一个等待队列（图 1.36）。其特征是等待时间会以指数级别增长。性能测试不充分，就像是在超市开业之前收银台方面只演练了只有一名顾客时的情况，但是在开业后，突然有几十人同时到来，导致现场极度混乱。另外，性能测试的技巧会在第 5 章介绍。

图 1.36　由于锁等待而产生的等待队列

◉解决锁等待的方法

从锁的机制来考虑，怎么才能解决这个问题呢？在锁进行保护的过程中，只要处理没有完成，就不能释放锁，也就解决不了问题。因此，基本的解决方法就是"让正受保护的处理尽快完成"。如果是对 DB 的表加锁，并执行 SQL 语句，那么让那个 SQL 处理尽快完成，就能减少占有锁的时间。

另外，还有一种分割锁的方法。不对 DB 的表加锁，而是对行加锁执行 SQL 语句，这样就能并行执行了。像这样，通过细化分割锁的方法，也能减少等待时间。

⫾⫾⫾ COLUMN

⫾⫾⫾【高级篇】锁的机制是如何实现的

锁的算法其实相当复杂。你可能会想"检查一下是否被加了锁，如果没有被加锁，那就设置一个标志（Flag）加上锁就好了"。很可惜，这个想法是错误的。例如，"看一下程序 A 是否加了锁……""看一下程序 B 是否加了锁……"这两个操作几乎同时发生的话，会怎么样呢？如果 CPU 的时钟稍微有差别，A 和 B 都被执行了，那二者都会误认为自己获得了锁（图 A）。

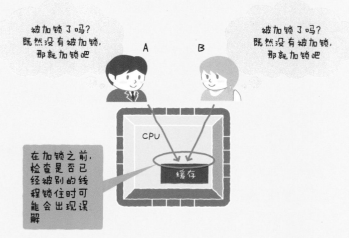

图 A　加锁的一瞬间

　　为了避免发生这样的时间错位，通常会使用硬件（CPU 等）的指令。而且，硬件的指令在执行时会确保"检查是否已被加锁""如果没有被加锁的话就加锁"这样的指令不会插入进来。这称为"原子性"（Atomic），即处理只有成功或失败一种结果。使用这样的 CPU 指令后，就可以让锁不会出错。一般程序员不会直接使用这样的 CPU 指令，而是使用 OS 中的 mutex、Java 中的 synchronized 等已经实现了锁的函数。

　　如果读者有兴趣，可以查一下"Test and Set""Compare and Swap"等术语。

COLUMN

【高级篇】性能优劣不能只看正常情况

　　事实上，性能最难的部分不是正常情况，而是异常情况。发生故障时进行切换或者突然有大流量涌来等非正常运行的时候，问题就在于如何更好地使用从第 1 章到第 4 章介绍的东西。在编写应用程序的时候，异常情况的处理更考验能力，而在性能方面，异常情况也是展示能力的地方。另外，有时也会出现起因于各种产品的组合的问题，即使是经验丰富的专家，也能从中发现新的东西。

　　现实中比较棘手的有系统维护时的性能、服务器刚搭建好时的性能（因为缓存等还没生效）、集群切换时的性能（资源迁移）、网络设备故障时的性能、恢复时候的性能等。

　　非要提出建议的话，大概也就是以下几点，即"在维护的时候，针对队列不一定要走索引处理，也可以走全扫描""（为方便维护或切换）尽量不要携带过多资源。资源越多，越费时间""（为方便维护或切换）尽量减少脏数据""（为方便切换）设置好合适的超时时间""在故障测试的时候施加负载，把性能也一起确认一下"。

第 2 章

性能分析的基础

2.1 性能分析从测量开始

首先，性能必须是能够测量的。不能测量的话就无计可施。因为如果不知道问题的原因，也就不知道解决办法。换句话说，性能问题的处理和性能调优是从正确的测量开始的。笔者就常常遇到因为测量错误或者对数值的理解错误而在调优的时候偏离正轨的情况。那么，各位都能正确测量性能吗？

在本章中，我们将对性能测量的思路、获取数据用的 OS 命令以及性能信息的解读方法等知识点进行说明。

2.2 什么是必要的性能信息

各位是不是认为只要获取了 sar 信息就可以呢？在发生故障后，是不是除了 sar 数据之外毫无头绪，只会进行诸如"应用程序好像有延迟，好像是因为 I/O 有问题，耗费着 CPU 资源"这样的分析呢？每次看到这种情况，笔者都会感到处理者没有理解应该获取的性能信息和特点。

为了理解各个性能测量工具的特征，让我们首先来看一下性能分析的原则和性能信息的种类的相关内容。

2.2.1 "分段查找"原则

性能测量的基础就是"分段查找"。它是指时间区间以及位置区间的分段查找。

例如，如果想要知道 1：00 到 1：30 之间的情况，就要查找 1：00 到 1：30 这个时间段，或者也可以获取 1：00 ~ 1：30 的每分钟的信息。这个就是"时间区间的分段查找"。

接着是"位置区间的分段查找"。假设我们怀疑网络的某个位置是造成问题的原因，那么通过它前后的服务器调查一下性能信息，就能知道延迟的具体情况了（图 2.1）。

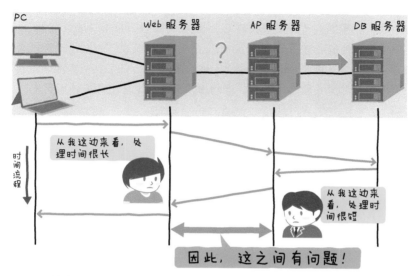

图 2.1 性能的"分段查找"原则

好像写了一堆废话，但是在实际中没有遵守这个原则的情况还是很多。比如，"每小时会使用 sar 获取 1 次 OS 的信息，好像在 1：10 ~ 1：11 这个时间段有点慢，可以帮我看一下吗？""想请您分析一下批处理程序，数据库的信息只有 0：00 ~ 9：00 这 1 次"之类的话，笔者已经不知道听了多少遍了。

使用这些信息到底能分析到什么程度呢？虽然只是纸上谈兵，但还是让我们来思考一下。假设问题出在 1：10 ~ 1：11，那么故障时间就是 1 分钟。假设这 1 分钟的 CPU 使用率（表示 CPU 的使用程度）是 100%，其他时间的 CPU 使用率是 10%，那么 1 小时的 sar 数据中 CPU 使用率大概是 12%（"1 分钟的 100% + 59 分钟的 10%"的平均值）。这样就只能得出"CPU 使用率只上升了 2%"这样的结论。即使猜想"这 2% 可能集中在 1：10 ~ 1：11"，也并没有办法确认。只得出这个数据，最终还是不明所以。

　　关键就是事先没有考虑过想要把握什么样的问题，比如多长一段时间的性能出现了问题、哪个地方变慢会导致故障等，如果事先搞清楚这些问题的话，也就能推导出应该安装什么样的性能测量工具，并确定获取信息的间隔时间（分段查找对象）。但是，有些工具本身的负载很大，因此也不是越精细越好。例如，Oracle 的名为 AWR 的工具就不适合每隔10 秒执行 1 次，而像 vmstat 这样的工具就算每隔 2 ~ 3 秒执行 1 次也完全没有问题。如果不清楚工具的负载情况，请在测试环境中确认后再安装使用。

2.2.2　性能信息的 3 种类型

　　介绍完"分段查找"原则，我们再来看一下性能信息的分类。事实上，性能信息可以分为 3 类，分别是"概要形式""事件记录形式"和"快照（Snapshot）形式"[①]。

　　概要形式就是像 sar 和 vmstat 这种形式的工具，以汇总或者平均值的形式来展示一段时间的信息（图 2.2）。这种工具的优点是便于掌握概况，比如我们可以据此立刻作出"CPU 使用率平均是 5%，从 CPU 资源方面来看没有问题"这样的推断。在把握初步信息时，这是一个很方便的工具。

　　不过，由于是平均值，因此也就不能把握这个期间内的变化情况。

　　事件记录形式就是逐个记录每个事件（Event）的方式（图 2.3），例如网络抓包（Packet Capture）或系统调用记录。网络抓包会将数据包在什么时候从哪里发送到了哪里这样的信息全部记录下来。使用这个方法，几乎可以了解到所有关于在何时发生了什么事这样的信息。

　　不过，由于性能数据量很大，对系统的压力就很大，因此大部分事件记录形式的工具并不适合经常在生产环境中使用。可以在确定了某个范围后，使用该工具来调查详细信息。

---

① 这是笔者自己的分类，并不是业界通用的分类方法。

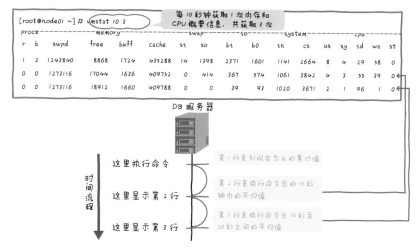

图 2.2 概要形式信息的例子

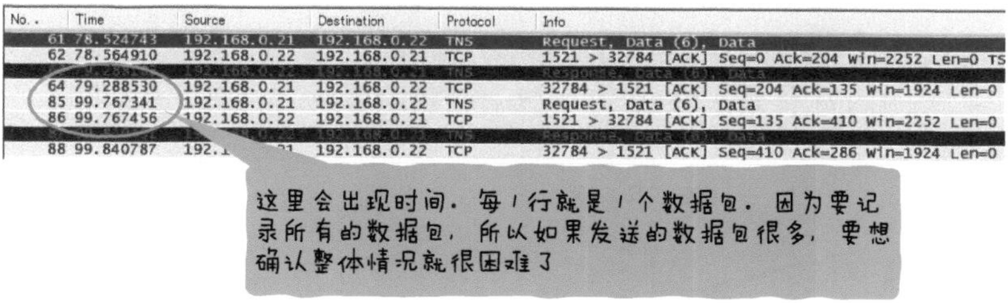

图 2.3 时间序列（事件记录形式）信息的例子（数据包）

快照形式就是像 ps 命令和 top 命令这样记录瞬间信息的工具（图 2.4）。如果把事件记录形式比喻成电影（全部记录下来），那么快照就像照片一样。仅仅 1 张照片不会起到太大的作用，但是定期连续抓拍的话，在发生性能问题的时候就能派上用场了。比如，马路上的监控摄像头在某一瞬间拍下了受害人和可疑人物，接着下一个瞬间受害人倒下了，那么我们就可以怀疑那个可疑人物。快照就是这样使用的。

```
                        获取进程的当前信息的命
                        令的例子

[root@node01 ~] # ps elf

F UID PID   PPID PRI NI  VSZ    RSS   WCHANSTAT  TTY    TIME COMMAND

0  0  3431  3391  15  0  66072  1352  wait  Ss   pts/2  0:00 bash SSH_AGENT_PID=301

4  0  3872  3434  17  0  63608   968   —    R+   pts/2  0:00  ⅄_ ps elf SSH_AGENT_P

0  0  3397  3391  16  0  66072  1344   —    Ss+  pts/1  0:00 bash SSH_AGENT_PID=301

4  0  2629  2624  15  0  87360 10648   —    Ss+  tty7   0:03 /usr/bin/Xorg :0 —br —
```

各行表示的是当前各个进
程的情况

图 2.4　快照形式的信息的例子

快照形式适用于调查问题的原因。

2.2.3　系统的模型与性能故障时的运作情况

这里定义一下本章中涉及的系统模型，也就是所谓的 3 层 Web 系统：Web 服务器、AP 服务器和 DB 服务器。这是在《图解 IT 基础设施的机制》[①] 中介绍过的结构。假设 OS 使用的是 Linux，AP 服务器使用的是 WebLogic 和 Java VM，DB 服务器使用的是 Oracle（图 2.5）。

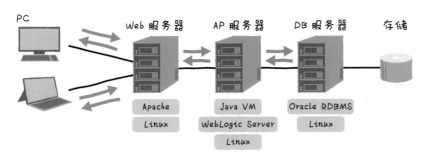

图 2.5　本章中设定的系统结构

假设系统在 Web 服务器这里速度变慢了，就如图 2.6 上半部分所示。假设系统在 DB 服务器的存储这里变慢了，就如图 2.6 下半部分所

① 原书名为『絵で見てわかる IT インフラの仕組み』，截至 2016 年 7 月，尚无中文版。——译者注

示。性能故障排查的第一步就是判断"在哪里出现了问题""在哪里变慢了"。

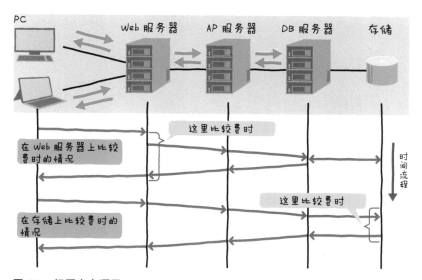

图 2.6 问题出在哪里

那么，要说观察哪里能更有效率地排查，关键就是队列和线程。队列在第 1 章已经介绍过了。大部分服务器和软件的入口都设置有队列。线程就是 CPU 进行处理的最小单位，可以将其想象成帮我们干活的小人。通过将线程分配给 CPU 来令其工作[1]（图 2.7）。

"查看线程与队列"是简单易懂的排查方法。例如，Web 服务器变慢的时候，应该是像图 2.8 这样在 Web 服务器的队列或线程中堆积了请求，而 AP 服务器的队列和线程则应该是空闲的。

由于概要形式、事件记录形式、快照形式的差异，其表现形式也会有所不同。用一张图来表示的话，如图 2.9 所示。想必读者应该能够理解这 3 种类型的区别了。请大家养成一个习惯，在进行分析时，脑中要想象着服务器和软件联系在一起的画面。

---

① 关于线程的详细说明请参考 OS 相关图书。

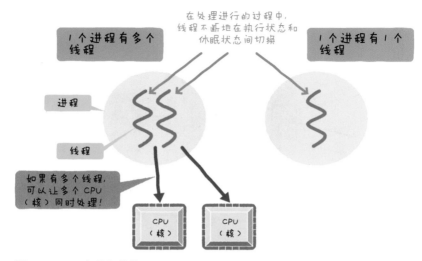

图 2.7　CPU 和线程的关系

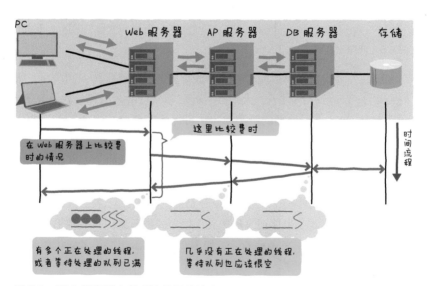

图 2.8　Web 服务器上处理比较慢的情况

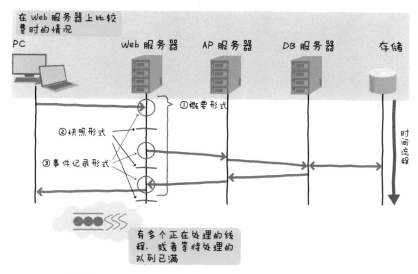

图 2.9 3 种性能信息的区别

2.2.4 数据的种类及分析的窍门

下面分别介绍一下这 3 种性能信息的特征及使用方法。

首先，概要形式适合用来追溯调查过去的概况，可以将其作为一个着手点来调查之前发生了什么。需要注意的是，概要形式不适合用来调查问题的原因。这里的"概况"指的是 CPU 使用率高、I/O 的平均响应时间长等"现象"，要想知道具体原因，也只能从现象类推一下而已。

使用事件记录形式来把握性能情况的时候，请注意"到达与出发"。虽然该形式能记录到达与出发，但是并不能记录处理过程。因此，我们只能做出"因为在到达与出发之间，所以应该正在处理"这样的推断（图 2.10）。关于到达与出发，使用同一台机器进行测量也很重要。不同机器之间往往存在着微小的时间差。

快照形式特别适合用来调查问题的原因。它能够按各个进程、线程和各个处理的形式罗列出各种信息。虽然要看的信息会变多，但是如果确定了故障时间，就能调查那个时间的各种活动，也就很容易确认原因。

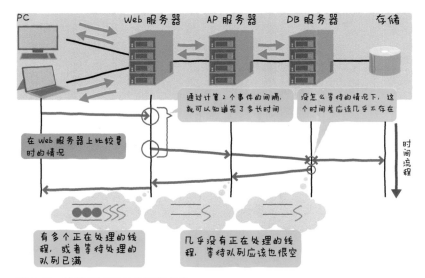

图 2.10　事件记录形式的排查方法

　　快照适用于观察某个瞬间的情况，据此可以立即确认当前是否出现了故障。事件记录形式在核对"到达"和"出发"时会比较费时，效率很低。概要形式由于必须等待一段时间来获取概要信息，也比较费时。不过也有例外，比如通过使用一些可以在短时间内获取概要信息的命令（例如，vmstat），就可以即刻把握当前情况。

　　性能信息是 IT 工程师的工具。在初学阶段，掌握了一个性能工具之后，就会想在所有问题上都使用这个工具。但是，在反复摸索的过程中，就能逐渐掌握那个工具的局限性和特点，也就能根据不同的情况使用不同的工具了。只有能熟练使用正确的道具，才称得上专家。

2.3 ‖ 性能分析中的重要理论

　　年轻的时候暂且不说，现在笔者认为应该重视基础。在性能方面，最有代表性的就是"等待队列理论"了。有人说他以前会缜密地计算等待时间，实际上笔者认为，即使是现在，学习等待队列理论也是很有价

值的。另外，很多人只在准备信息处理技术者考试的时候才会学习这个
理论，没有足够重视，甚至因此而引发故障，所以趁此机会，让我们好
好掌握它吧。

2.3.1 等待队列理论的术语

首先从术语开始介绍（图 2.11）。我们把队伍称为"队列"，如第 1
章中所述，队列是无处不在的。在队列中的等待时间称为"访问等待时
间"。"响应时间"（Response Time）指的是访问等待时间 + 服务时间。
例如，访问等待时间是 5 分钟，在窗口的服务时间（服务花费的时间）
也是 5 分钟，那么从进入队列开始到返回响应为止的响应时间就是
10 分钟。

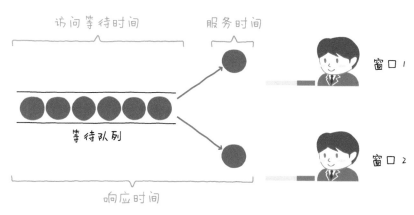

图 2.11　等待队列的基本术语

等待队列式用"M/M/1"的形式表示。第一个记号（这里的 M）指
的是请求到达时间的特征。M 表示随机分布。中间的记号（这里的 M）
指的是服务时间的特征。这个 M 表示的也是随机分布[1]。最后一个记号
（这里的 1）表示处理的并行程度。1 就是指线性处理。

即使没有完全超过处理能力，但因为请求的到达（几乎）是随机

---

[1]　第一个 M 指的是"泊松分布"，第二个 M 指的是"指数分布"。虽然它们与随机
　　分布都不一样，但可以先将其想象成类似于随机分布的东西。

的，所以也会出现暂时超过处理能力，产生等待队列的情况。这种等待队列的平均等待时间是可以计算出来的。

2.3.2 计算等待队列的平均等待时间

M/M/1 的计算方法如下所示。

平均使用率 ρ =（处理时间 × 处理条数）/ 单位时间
等待时间 / 处理时间 = ρ /（1 − ρ）

假设处理时间是 1 秒钟，每小时的处理条数是 3000 条……

ρ = 3000 / 3600 = 0.83……
等待时间 / 1 秒 = 0.83 /（1 − 0.83)
等待时间 = 4.88
响应时间 = 4.88（等待时间）+ 1（处理时间）

笔者不推荐死记硬背这个公式，至少要理解它的特点。首先，即使平均使用率没有达到 100% 也会出现等待时间，这是因为请求的到达时间不是平均分布的。另外，请求的到达时间比较集中的情况下，使用率会比较高，这意味着存在形成等待队列的时间带。

重要的是随着使用率接近 100%，等待时间会呈指数级别地增加。这就意味着出现了很长的等待队列。请参见图 2.12，可以看到使用率提高后，等待时间会增加。

例如，在使用率只有 10% 的处理中，即使使用率再提高 10%，响应时间也几乎没有变化。但是，在使用率为 85% 的系统中，如果使用率提高 10%，响应时间就会有几倍的增长。在使用率接近 100% 的时候，由于等待队列变长，等待时间会急剧增加，这一特性是很常见的。并且，这在性能分析时也是非常重要的。

另外，还可以从等待队列理论推导出一个特点，即如果能进行并行处理，尖峰就会变低。单线程处理的时候，总是会出现尖峰（通常很稳定，但偶尔会有很大波动）。而像服务器那样可以并行处理的机器则比较稳定。

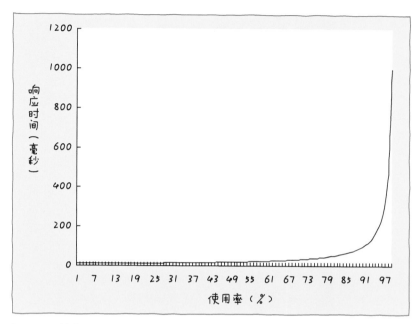

图 2.12　等待队列的响应时间的图例

2.3.3　使用率和等待队列的例子

图 2.13 所示为 Windows 中的 CPU 使用率。如图所示，有时候数值会突然变大。这个冒尖的部分我们称为"尖峰"。因为没有不存在尖峰的系统，所以偶尔出现尖峰也是允许的。不过，在重要的系统中，我们应该确保这个尖峰是没有问题的（对性能等不会产生影响）。

此外，在确认过一次尖峰之后，我们还应该定期确认有没有出现新的尖峰。这是因为系统是在不断变化的，新的尖峰可能隐含着问题。此外，它也可能是系统管理员尚未意识到的故障的先兆。通过确认与平时的差异，笔者曾多次防止了故障的发生。在重要的系统中，在考虑到投入产出比的基础上，可以根据具体情况来定期检查。

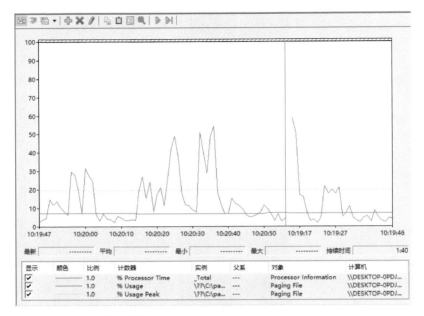

图 2.13　CPU 使用率暴涨

　　如果并行程度比较低，就会导致使用率急剧上升，导致产生等待队列。例如，CPU 只有 1 个核的情况下，仅仅是执行某个很长的 CPU 处理，可能就会导致 CPU 使用率很快变为 100%。而如果有多个 CPU 核，CPU 使用率一般不会达到 100%，等待队列长度也比较均衡，从而能让队列保持在比较短的状态。关于这一点，大家想象一下超市中等待结账的队伍应该就能理解了。由于有这样的特点，因此需要特别注意核数比较少的情况下 CPU 使用率和等待队列（run 队列）的情况。一般来说，多多少少都会出现尖峰。即使偶尔出现等待队列变长的情况，但如果只是一瞬间的话，也是可以容忍的（图 2.14）。

　　但是在批处理的时候情况就不一样了。因为一般来说，批处理是用少数线程连续进行处理的形式，别的线程不会插入进来。换句话说，即使处理时间拖长了，等待队列也不会变长。在批处理中，即使等待队列很短，也可能出现性能问题。由于不能通过等待队列来判断，因此一般会看它的处理时间是否变长。

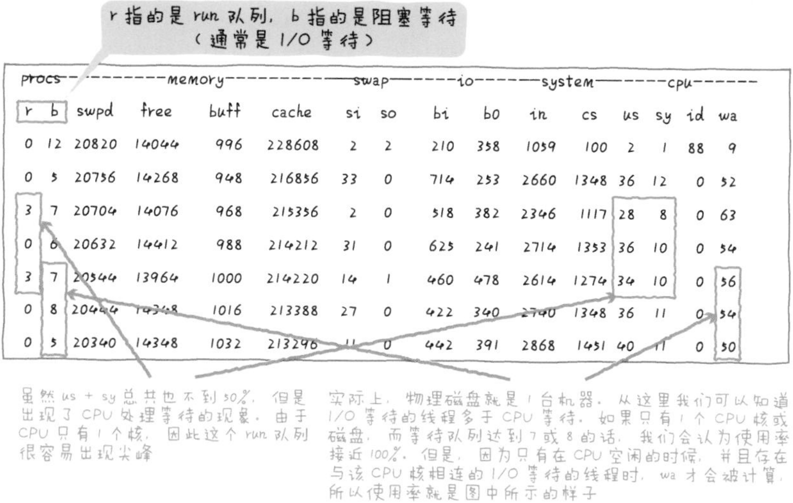

r指的是run队列，b指的是阻塞等待
（通常是I/O等待）

procs		-----memory-----				---swap---		-----io----		--system--		-----cpu-----			
r	b	swpd	free	buff	cache	si	so	bi	bo	in	cs	us	sy	id	wa
0	12	20820	14044	996	228608	2	2	210	358	1059	100	2	1	88	9
0	3	20756	14268	948	216836	33	0	714	253	2660	1348	36	12	0	52
3	7	20704	14076	968	215336	2	0	518	382	2346	1117	28	8	0	63
0	6	20632	14412	988	214212	31	0	625	241	2714	1353	36	10	0	54
3	7	20544	13964	1000	214220	14	1	460	478	2614	1274	34	10	0	56
0	8	20444	14348	1016	213388	27	0	422	340	2740	1348	36	11	0	54
0	3	20340	14348	1032	213296	11	0	442	391	2868	1451	40	11	0	50

虽然 us + sy 总共还不到 50%，但是出现了 CPU 处理等待的现象。由于 CPU 只有 1 个核，因此这个 run 队列很容易出现尖峰

实际上，物理磁盘就是 1 台机器。从这里我们可以知道 I/O 等待的线程多于 CPU 等待。如果只有 1 个 CPU 核或磁盘，而等待队列达到 7 或 8 的话，我们会认为使用率接近 100%。但是，因为只有在 CPU 空闲的时候，并且存在与该 CPU 核相连的 I/O 等待的线程时，wa 才会被计算，所以使用率就是图中所示的样子

图 2.14 vmstat 的例子

2.3.4 实际上可以获取哪些信息

这里需要考虑的是，想要掌握的信息是否与测量方法、测量时间间隔相符。这一点我们已经提过很多次了，但实际上却有很多开发现场没有做到这一点。

例如，假设想要针对某分钟系统变慢的故障进行调查。对于这个问题，用测量间隔为 60 分钟的 sar 数据来进行事后分析是很困难的。即使是等待队列的计算，队列长度也完全被平均了。这时就需要 1 分钟左右的测量间隔。

另一方面，在非常重要的关键系统中，往往希望等待问题复现的时间尽量短，并且把追加获取的信息控制在最小限度内。这个时候也需要进行原因调查。例如，根据 sar 的输出信息里的 CPU 数据上升了这个现象，我们能知道这和平常不一样，但却很少能知道具体原因。如果是 ps 命令、top 命令或者其他中间件产品，还需要获取记录了当时正在执行什么处理的日志。

基于这个观点，请事先确认是否能获取合适的信息。否则一旦发生问题，上司必然要求你去调查故障原因，这时如果因为信息不充分而无法调查，那可能就要挨训了。

至于需要获取哪些信息，并没有一个绝对的答案。笔者个人建议获取如表 2.1 所示的性能信息。这些信息都是在相当重要的关键系统中需要获取的。由于每个系统各不相同，因此在实际使用的时候应视具体情况而定。

另外，与监控不同，这里是为了进行事后分析而去获取性能信息。假如以 5 秒的间隔来获取 1 次 vmstat 信息，发现 CPU 使用率变高而引发了报警，那么运维就很麻烦。因此要把监控和分析日志分开考虑。

表 2.1　笔者推荐的性能信息

对象	性能信息
各个服务器的 OS	vmstat 5 秒间隔 连续
	iostat 1 分钟间隔 连续 只针对 DB 服务器这样的 I/O 频繁的机器。窍门是会记录服务时间
	ps 5 分钟间隔（或者 top 命令几十秒间隔）连续
Web 服务器、AP 服务器	访问日志 连续
	AP 服务器的处理等待队列信息 连续
	AP 服务器的线程使用情况信息 连续
	AP 服务器的 DB 连接使用情况信息 连续
	Java 的 GC 日志 连续
	Java 的低负载的详细事件记录日志（例如：Flight Recorder）连续
DB 服务器	连接接收信息（例如：listener.log）连续
	DBMS 的概要信息（例如：AWR）30 分钟间隔 连续
	DB 会话的快照（例如：ASH（Active Session History））连续

COLUMN

需要定期确认性能吗？

现在越来越多的开发现场都会获取性能信息，但是能够定期分析性能信息来防范于未然的开发现场并不多。理想的情况是定期进行确认，努力防止故障发生，这样就能及时注意到批处理时间慢慢变长、内存不足、存储变慢、处理的数据条数增多、处理变慢等一系列问题。

进行这些运维需要几个条件。首先就是投入产出比高。换句话说，就是发生故障会给系统带来很大影响。另外一个条件就是能够得到开发方的帮助。一般来说，定期确认性能是运维方的工作。而即使运维方发现了一些异常的地方，如果没有开发方的协助，也没办法调查原因，最终就会导致故障的发生。笔者认为，运维方有问题时能够咨询开发方是很重要的。

2.4 ‖ OS 的命令

下面开始介绍用来获取性能信息的具体的 OS 命令。本书中会涉及 Linux 和 Windows。OS 的性能信息被广泛应用于运维现场，看起来无所不能，但说到底也只是从 OS 看到的信息罢了。这一点非常重要。

首先，我们从 Linux 的命令开始介绍。为了能有效说明前面列举的关键点，这里将按照以下项目来介绍各个命令。

- 命令的名称
- 性能信息的种类（概要形式、事件记录形式、快照形式）
- 在哪里测量（可以分段查找哪里的信息）
- 能知道的信息、不能知道的信息
- 一起使用更有效果的性能信息（为了分段查找或追加分析而推荐使用的信息）
- 其他（负载、获取信息的时间间隔的例子）

2.4.1　sar

◉ **性能信息的种类**

概要形式。

◉ **在哪里测量**

据此能看到的是从 OS 的内核获得的 OS 信息。因为是 OS 级别的信息，所以与从应用程序看到的 I/O 信息可能会有所差异。

◉ **能知道的信息**

主要可以知道 CPU 的使用率和空闲情况、读写 I/O 的量、内存的概况等信息。

◉ **不能知道的信息**

不能知道以下信息：各个进程的情况、瞬间的性能问题（如果将间隔时间变短的话也可以捕捉到）、可能导致问题的程序或进程、超线程（Hyper Thread）等 CPU 中实际的 CPU 使用情况（图 2.15）。

◉ **一起使用更有效果的性能信息**

top 命令等各个进程的快照信息、各种应用程序的性能信息。例如，DB 服务器上的 DBMS 的快照形式的信息。

◉ **其他**

由于 sar 是自动记录信息的，因此如果不需要太详细的信息，可以直接追溯过去的信息来进行调查。几乎没听到过 sar 命令本身太耗资源的说法。

sar 命令有时候使用起来效果差强人意，比如信息输出项目比较少。因此，有时会使用专用的命令（vmstat 或 iostat）等来获得更详细的信息。

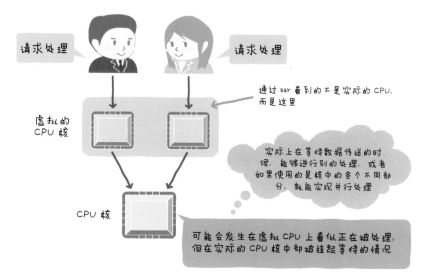

图 2.15　如今 CPU 的实际情况很难掌握

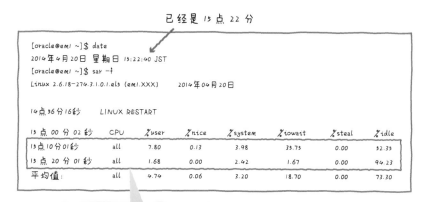

图 2.16　sar 的输出示例

2.4.2 vmstat

◉ **性能信息的种类**

概要形式。

◉ **在哪里测量**

据此能看到的是从 OS 的内核获得的 OS 信息。

◉ **能知道的信息**

主要是等待执行的平均进程数、由于某些原因而被迫等待（被阻塞）的平均进程数。还可以知道 CPU 使用率、对 Swap 空间的 I/O、通常的 I/O、上下文切换次数等。

◉ **不能知道的信息**

不能知道以下信息：各个进程的情况、瞬间的性能问题（如果将间隔时间变短的话也可以捕捉到）、可能导致问题的程序或进程、CPU 核的情况差异（在一些故障中，各个 CPU 核的情况有差别）。

◉ **一起使用更有效果的性能信息**

top 命令等各个进程的快照信息、DB 服务器上的 DBMS 的快照信息。

◉ **其他**

一般来说，这个命令可以以很短的时间间隔来获取数据。在几秒、几十秒级别的故障也需要调查的系统中，可以设置间隔为几秒钟。笔者认为比起 CPU 使用率，等待执行的平均进程数（r 列）和被阻塞的进程数（b 列）更值得关注（图 2.17）。

特别要留意 wa 列。wa 列一般会被作为 I/O 等待的指标，但是 I/O 等待增加的话，虽然 wa 列会有上升趋势，但也不是一定会上升（如图 2.18 所示，磁盘 I/O 等待的 wa 随着 CPU 使用率的上升自然而然地下降了。此外，在本章后半部分也会解释）。关于 I/O 等待，请灵活使用 b

列。即使分页导致系统速度变慢，b 列的数值也会上升。一般认为 r 列的值不高于 CPU 核数的 2 倍或 4 倍，但是当核数只有 1 个的时候，如果 CPU 使用率不高，那么即使出现 6 或 7 这样的数字一般也没有问题。

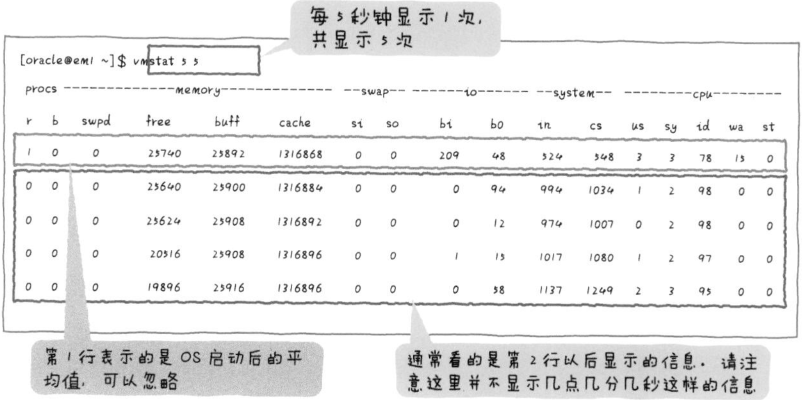

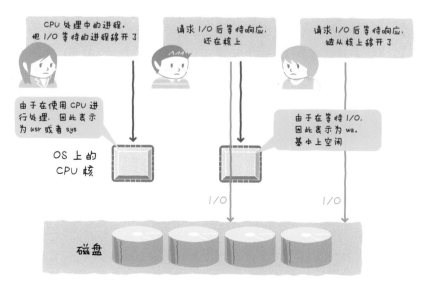

图 2.17　vmstat 的输出示例

图 2.18　请注意 wa 列的解读方法

另外请注意，第 1 行显示的是 OS 启动后的平均值，所以一般只看第 2 行后面的值。另一个窍门是把时间也加入进去，明确显示出哪一行是几点几分，会更方便调查。

COLUMN

时间同步非常重要

虽然生产环境中基本上都实现了时间同步，但有时在开发环境、测试环境中并没有实现，时间同步是通过 NTP 来实现的。这个时间同步从两层含义上来说非常重要。

第一点就是如果时间没有同步，当发生问题时，要核对信息就很困难了。假设在 AP 服务器上是 10：01：30，但在 DB 服务器上是 12：25：10。在这种情况下，查看了 AP 服务器的日志之后去调查 DB 服务器，但由于时间上有偏差，调查了之后也依然一头雾水。即使知道了时间差，也必须要一个一个修改，平添了许多麻烦。

时间同步的另一个重要性在于时间的倒回。为了让时间对上，有时会让时间回滚。在性能分析时这可能会引起问题。为了防止发生这种情况，可以使用 slew 模式。通过 slew 模式进行微调，每次只回滚极短的时间。在使用对时间很敏感的应用程序的时候，可以考虑使用 slew 模式。

2.4.3　ps

◉ 性能信息的种类

快照形式。

◉ 在哪里测量

通过 OS 的内核获取各个进程的信息。

◉ 能知道的信息

主要能知道以下信息：某个瞬间存在哪些进程、某个瞬间进程的状态（执行中、休眠中等）、进程的名称或者命令、进程的编号、各个进程的 CPU 累计时间等。

如果很幸运地在性能问题出现的时候执行了 ps 命令，说不定就能判断出那个时间正在运行的应用程序，从而找出问题的原因。

◉不能知道的信息

不能知道内存和 CPU 使用率等 OS 的情况。

另外，运行中的各个线程的信息默认也是无法知道的。

◉一起使用更有效果的性能信息

sar 和 vmstat 等概要形式的信息。在使用 ps 命令特定到具体的进程后，有时候会通过对进程的栈或进程的跟踪等来进行详细的调查。

◉其他

由于这个命令负载较大，因此不能在短时间内重复执行。如果需要在短时间内重复执行，一般会使用 top 命令。即使执行的次数很少，但通过定期获得 ps 命令，也能在调查的时候调查进程信息，非常方便。例如，我们可以进行"这个应用的进程编号是什么"等调查。此外，有时需要从不同的视角来调查进程，比如正在休眠的进程等，因此也推荐使用 ps 命令来定期获得进程列表。

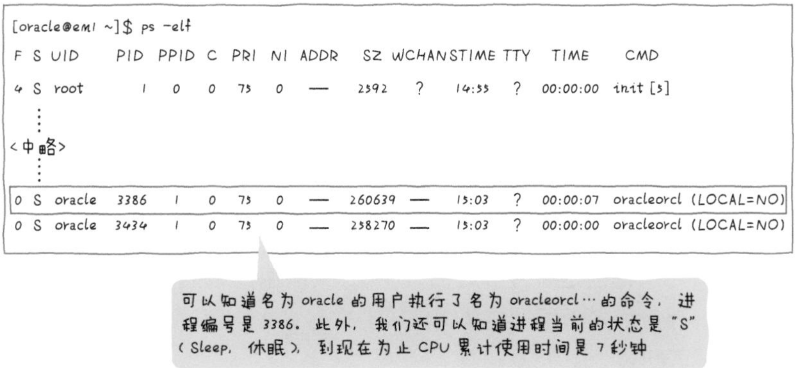

```
[oracle@eml ~]$ ps -elf
F S UID      PID PPID C PRI NI ADDR   SZ WCHAN STIME TTY   TIME      CMD
4 S root       1   0  0  75  0  —    2392  ?    14:33  ?   00:00:00  init [3]
    ⋮
<中略>
    ⋮
0 S oracle  3386   1  0  75  0  —  260639  —    13:03  ?   00:00:07  oracleorcl (LOCAL=NO)
0 S oracle  3434   1  0  75  0  —  238270  —    13:03  ?   00:00:00  oracleorcl (LOCAL=NO)
```

可以知道名为 oracle 的用户执行了名为 oracleorcl… 的命令，进程编号是 3386。此外，我们还可以知道进程当前的状态是"S"（Sleep，休眠），到现在为止 CPU 累计使用时间是 7 秒钟

图 2.19 ps 的输出示例

2.4.4 netstat

◉**性能信息的种类**

概要形式（性能统计信息）、快照形式（路由信息等）。

◉**在哪里测量**

测量的是驱动级别的信息。由于不是直接测量网线，因此并不一定能检查出网络问题。

◉**能知道的信息**

能知道以下信息：使用 -a 参数，能知道那个瞬间的套接字（快照形式）；使用 -r 参数，能知道那个瞬间的路由信息（快照形式）；使用 -i 参数，能知道各个接口的统计信息（概要形式）。

◉**不能知道的信息**

不能知道网络通信是否出现了问题。近年来，由于很多故障在驱动级别不能被统计出来，因此有时即使 netstat 的错误数或删除数没有增加，实际也已经出现了故障。反之，也有一些情况是，看到 netstat 的错误数或删除数增加，于是怀疑网络问题，但由于只保留着过去发生的故障的数字，实际上与该段时间的网络并没有关系。

有时候会用 -i 来确认输出的通信量。这个数据通信量是一个累计值。通过持续不断地取得这个数字，并进行差分计算，就能获得这段时间内的通信量。

◉**一起使用更有效果的性能信息**

在感觉网络性能有异常时，应该查看使用这个网络通信的应用程序的性能日志（特别是事件形式的日志），或使用网络抓包获取事件形式的日志。因为很多时候虽然从驱动级别来看没有问题，但在应用程序级别却出现了问题（图 2.20）。

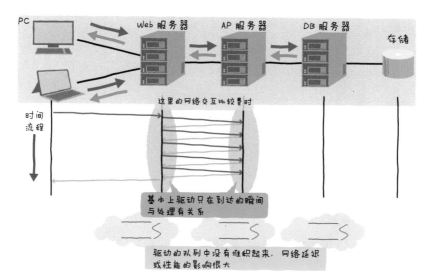

图 2.20 在网络上耗费时间的例子，从驱动上看不出来

```
# netstat -r
kernel IP routing table
Destination    Gateway         Genmask         Flags   MSS    Window   irtt   Iface
192.168.0.0    *               255.255.255.0   U       0      0        0      eth0
169.254.0.0    *               255.255.255.0   U       0      0        0      eth0
default        warpstar-a94142 0.0.0.0         UG      0      0        0      eth0
```

路由信息。表示 192.168.X.X 与 169.254.X.X 能直接通信，其他（default）要走 warpstar 的路由

```
[root@koda22 xe]# netstat -a
Active Internet connections (servers and established)
Proto   Recv-Q   Send-Q   Local Address          Foreign Address           State
tcp     0        0        *:32769                *:*                       LISTEN
tcp     0        0        *:sunrpc               *:*                       LISTEN
tcp     0        0        *:1321                 *:*                       LISTEN
〈中略〉
tcp     0        0        192.168.0.22:1321      koda21.localdomain:32796  ESTABLISHED
```

连接信息。从第 3 行能知道 1321（Oracle 监听器）端口处于 LISTEN 状态（等待连接的到来）。从最后一行能知道自己的 1321 端口和机器 koda21 的 32796 端口已经建立（ESTABLISHED）了连接

图 2.21 netstat 的输出示例

◉其他

以笔者的经验来看，netstat 可以用于确认通信量、套接字列表、路由信息等，也可以根据需要在云计算、测试、验证等环境下使用。

2.4.5 iostat

◉性能信息的种类

概要形式。

◉在哪里测量

块设备（Block Device）级别的信息。在 OS 内核的内部。一般不会记录文件缓存等 OS 文件系统级别的操作。这使得从 OS 上的应用程序看到的性能信息与 iostat 级别的性能信息之间产生了差异（图 2.22）。

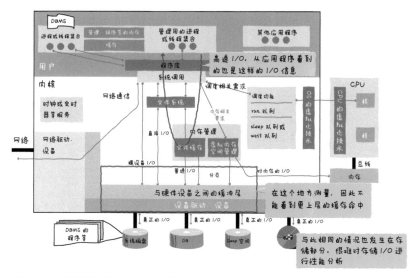

图 2.22　表面看到的 I/O 与实际的 I/O

◉能知道的信息

　　能知道磁盘的繁忙度（使用率）。通过使用 -x 参数，能知道响应时间和各种队列的长度。为了方便理解，推荐使用 t 和 x（适用于 Linux。t 表示时间，x 表示详细信息）参数。通过检查队列的长度，就能知道有多少 I/O 请求已被发送，或者有多少正在等待。

　　通过观察繁忙度，就能知道从 OS 层面看到的磁盘运转情况，但这里有一点需要注意，那就是很难通过 OS 层面的繁忙度来判断磁盘是否真的已经接近临界值。这是因为很多时候存储方面已经进行了虚拟化或分割，从 OS 看到的磁盘信息与实际情况会有偏差（图 2.23）。下一章中会使用时序图来解释这个问题。对于很多工程师来说，通过检查响应时间是否恶化来判断磁盘是否临近临界值的方法是比较简单易懂的。

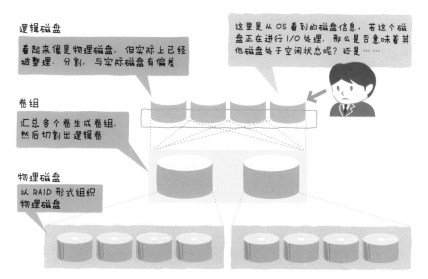

图 2.23　逻辑磁盘与物理磁盘

　　接着，我们再来解释一下 active 和 wait 这两个概念。active 指的是从 OS 的角度来看已经向磁盘发送完，wait 指的是尚未发送。active 和 wait 都有相应的队列长度和平均时间。当存储接近临界值时，首先 active 的队列长度应该会增加，响应也会变慢，接着 wait 的队列长度也会增加，响应也会变慢。svctm 的列称为"服务时间"，实际上称为"响应时间"更合适。

◉ 一起使用更有效果的性能信息

　　建议调查一下存储方面的性能信息。如果在 iostat 级别出现了性能下降的情况，那在存储这里应该也能检测出来。

◉ 其他

　　因为第一次显示的是从启动开始后的平均值，所以暂且跳过。如果设备很多，负载会有点高，所以应该很少有系统会以 1 秒的间隔来获取信息。但是，如果以 1 小时的间隔来获取信息的话，就不能解决 1 分钟、2 分钟的故障了。笔者认为以 1~ 5 分钟的间隔来获取信息比较合适。

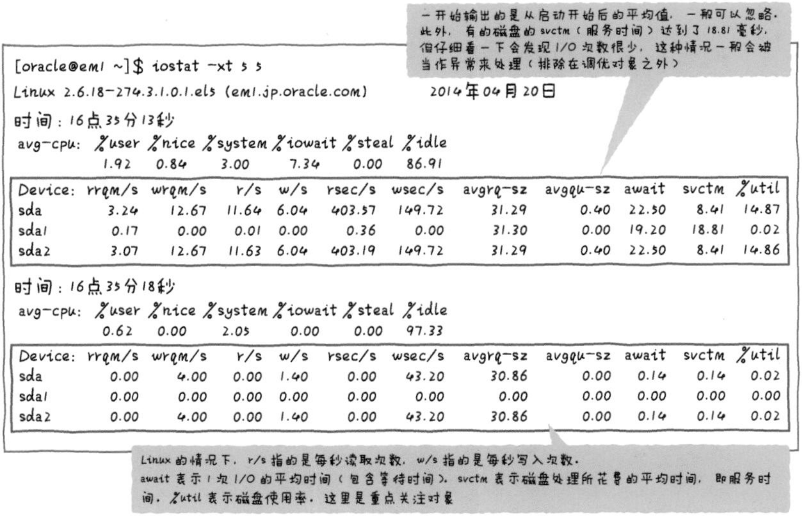

```
[oracle@eml ~]$ iostat -xt 5 5
Linux 2.6.18-274.3.1.0.1.el5 (eml.jp.oracle.com)    2014年04月20日
时间：16点35分13秒
avg-cpu: %user %nice %system %iowait %steal %idle
          1.92  0.84   3.00    7.34    0.00  86.91

Device:  rrqm/s wrqm/s   r/s   w/s  rsec/s  wsec/s avgrq-sz avgqu-sz await svctm %util
sda       3.24  12.67  11.64  6.04  403.57  149.72   31.29    0.40   22.50  8.41 14.87
sda1      0.17   0.00   0.01  0.04    0.36    0.30   31.30    0.00   19.20 18.81  0.02
sda2      3.07  12.67  11.63  6.04  403.19  149.72   31.29    0.40   22.50  8.41 14.86

时间：16点35分18秒
avg-cpu: %user %nice %system %iowait %steal %idle
          0.62  0.00   2.05    0.00    0.00  97.33

Device:  rrqm/s wrqm/s   r/s   w/s  rsec/s  wsec/s avgrq-sz avgqu-sz await svctm %util
sda       0.00   4.00   0.00  1.40    0.00   43.20   30.86    0.00    0.14  0.14  0.02
sda1      0.00   0.00   0.00  0.00    0.00    0.00    0.00    0.00    0.00  0.00  0.00
sda2      0.00   4.00   0.00  1.40    0.00   43.20   30.86    0.00    0.14  0.14  0.02
```

一开始输出的是从启动开始后的平均值，一般可以忽略。此外，有的磁盘的 svctm（服务时间）达到了 18.81 毫秒，但仔细看一下会发现 I/O 次数很少，这种情况一般会把它当作非常来处理（排除在调优对象之外）

Linux 的情况下，r/s 指的是每秒读取次数，w/s 指的是每秒写入次数。await 表示 1 次 I/O 的平均时间（包含等待时间），svctm 表示磁盘处理所花费的平均时间，即服务时间。%util 表示磁盘使用率。这里是重点关注对象

图 2.24　iostat 的输出示例

　　为了实际进行分析，有必要学习 IOPS 和吞吐这两个概念。这两个概念会在 3.3 节详细说明。作为参考，在没有命中某个缓存的时候，1 次 I/O 响应差不多是几毫秒。当 1 次响应花费十几毫秒甚至几十毫秒的时候，就可以怀疑响应出现问题了。另外，记录 iostat 的系统应该都是像高负载的 DB 服务器这样重视 I/O 的服务器，或者经常因磁盘而发生故障的服务器。

2.4.6　top

◉ **性能信息的种类**

基本上是快照形式。

◉ **在哪里测量**

测量的是 OS 级别的信息。

◉ **能知道的信息**

这个命令最适合用来实时掌握 OS 整体的情况。使用这个命令可以一边适当地更新信息一边将信息显示出来。具体来说，每隔几秒钟会显示一下 OS 整体的情况，并整理出活跃的进程，显示这些进程的信息。

由于据此可以知道哪些程序和进程活动频繁，因此便于调查最有可能引起故障的进程。

◉ **不能知道的信息**

在实时显示信息的情况下，我们不能知道非活跃进程的信息。在需要知道非活跃进程的信息时，就要使用 ps 命令。

◉ **一起使用更有效果的性能信息**

异常的进程（程序）的性能信息。例如，DBMS 的话，就需要知道那个时候正在执行的 SQL 的信息。如果不能获得那些信息，可以使用 pstack 命令获取调用栈信息。

◉ **其他**

top 是一个负载稍高的命令。为了以防万一，请确认后再使用。

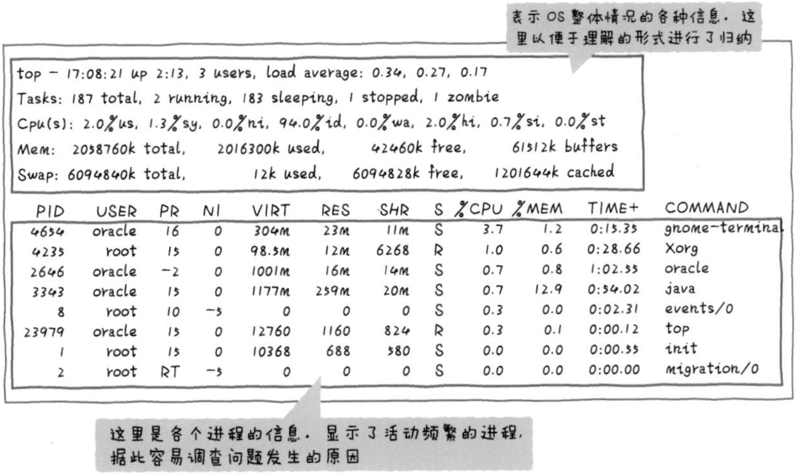

图 2.25　top 命令的例子

2.4.7　数据包转储（wireshark、tcpdump 等）

◉性能信息种类

事件记录形式。

◉在哪里测量

测量的是驱动级别的信息。

◉能知道的信息

据此能详细把握正在进行什么通信。通过检查数据包信息，能大致猜出哪个正在处理、哪个正在等待。另外，通过从两个服务器两边进行分段查找，可以特定到无法测量的网络部分的性能。

◉一起使用更有效果的性能信息

调查数据包发现可疑的应用程序时，就需要调查哪个应用程序正在处理以及程序正在等待哪里返回响应。需要使用快照形式的信息等，来调查应用程序处于什么状态以及为什么会变慢。此外，如果确认网络本身有问题，则可以请求网络专家的协助。

◉其他

这个工具只能通过 root 用户执行。如果在 OS 上获得数据包转储，就会对系统性能有很大影响。这种情况下，要么允许对性能的影响，要么就在开发环境等中再现来获取信息。如果不想增加负载，也可以采用在交换机上设置镜像口（Mirror Port）的方法（具体请咨询网络负责人）。在现在的高速网络环境中，一旦使用数据包转储，立即就会有大量的信息被输出。也就是说，只能获取非常短的时间的信息。此外，要用肉眼来检查如此庞大的信息几乎是不可能的，需要使用分析工具（有免费版本）。

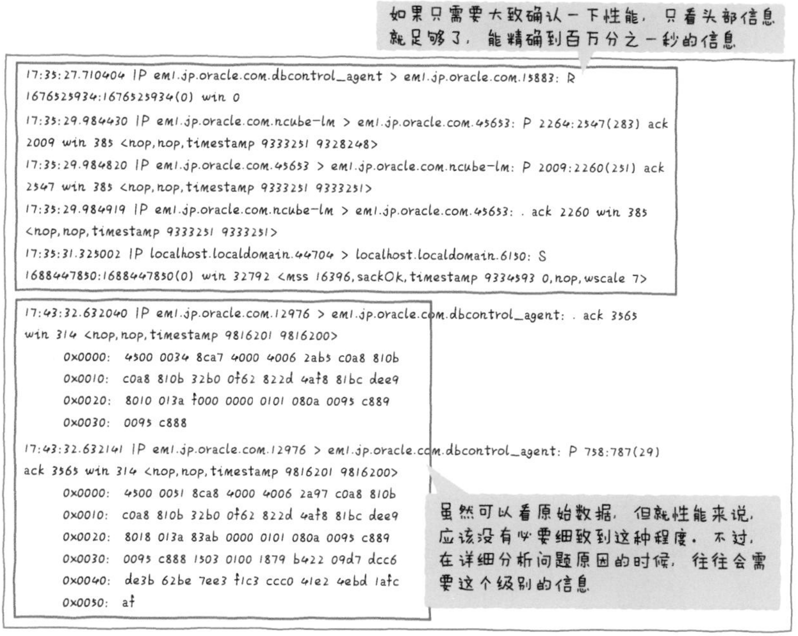

如果只需要大致确认一下性能，只看头部信息就足够了，能精确到百万分之一秒的信息

```
17:35:27.710404 IP eml.jp.oracle.com.dbcontrol_agent > eml.jp.oracle.com.15883: R
1676523934:1676523934(0) win 0
17:35:29.984430 IP eml.jp.oracle.com.ncube-lm > eml.jp.oracle.com.45653: P 2264:2347(283) ack
2009 win 385 <nop,nop,timestamp 9333251 9328248>
17:35:29.984820 IP eml.jp.oracle.com.45653 > eml.jp.oracle.com.ncube-lm: P 2009:2260(251) ack
2347 win 385 <nop,nop,timestamp 9333251 9333251>
17:35:29.984919 IP eml.jp.oracle.com.ncube-lm > eml.jp.oracle.com.45653: . ack 2260 win 385
<nop,nop,timestamp 9333251 9333251>
17:35:31.325002 IP localhost.localdomain.44704 > localhost.localdomain.6130: S
1688447850:1688447850(0) win 32792 <mss 16396,sackOk,timestamp 9334593 0,nop,wscale 7>

17:43:32.632040 IP eml.jp.oracle.com.12976 > eml.jp.oracle.com.dbcontrol_agent: . ack 3565
win 314 <nop,nop,timestamp 9816201 9816200>
    0x0000:  4500 0034 8ca7 4000 4006 2ab5 c0a8 810b
    0x0010:  c0a8 810b 32b0 0f62 822d 4af8 81bc dee9
    0x0020:  8010 013a f000 0000 0101 080a 0095 c889
    0x0030:  0095 c888
17:43:32.632141 IP eml.jp.oracle.com.12976 > eml.jp.oracle.com.dbcontrol_agent: P 758:787(29)
ack 3565 win 314 <nop,nop,timestamp 9816201 9816200>
    0x0000:  4500 0051 8ca8 4000 4006 2a97 c0a8 810b
    0x0010:  c0a8 810b 32b0 0f62 822d 4af8 81bc dee9
    0x0020:  8018 013a 83ab 0000 0101 080a 0095 c889
    0x0030:  0095 c888 1503 0100 1879 b422 09d7 dcc6
    0x0040:  de3b 62be 7ee3 f1c3 ccc0 41e2 4ebd 1afc
    0x0050:  af
```

虽然可以看原始数据，但就性能来说，应该没有必要细致到这种程度。不过，在详细分析问题原因的时候，往往会需要这个级别的信息

图 2.26　数据包转储的例子

另外，数据包中包含所有信息，可能也包含个人信息及密码，因此，数据包的数据是不能随意带出去的。基于这个原因，有时会被委托进行本地分析。请注意这一限制。

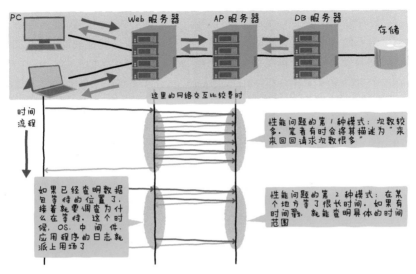

图 2.27　从性能的观点来进行数据包分析的窍门

2.4.8　pstack

◉ 性能信息的种类

快照形式。

◉ 在哪里测量

从 OS 看到的调用栈[①] 的信息。

◉ 能知道的信息

据此能知道某个程序（进程）在某个瞬间执行了什么样的处理。由

---

① 即 1.5.6 节介绍的栈。

于只是快照形式，因此必须要多次执行来获取信息。如果程序在等待什么，那么即使多次执行 pstack 命令，应该也是在同一个调用栈等待。反复执行同一个处理的情况下，应该也能看到很多相同的调用栈。

◉ 不能知道的信息

由于通过 pstack 获得的是快照形式的信息，因此不能断定是否一直是相同的状态。为了调查是否是相同的状态，需要同时使用事件记录形式的工具来确认（图 2.28）。另外，因为是从 OS 层面看到的调用栈，所以可能会与应用程序端调用的函数名有所差异①。

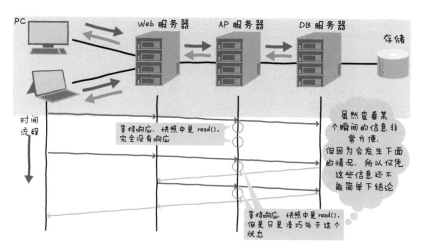

图 2.28　快照形式中需要注意的地方

◉ 一起使用更有效果的性能信息

与事件记录形式的工具一起使用，就能证明是在等待状态，并且没有摆脱那个状态。

---

① 例如，假设应用程序调用了信号量（Semaphore）的函数（系统调用）。即便调用的是 semop()，在 pstack 看来可能也会变成 semsys()。

◉其他

一般来说，pstack 的负载较低，很少会导致性能下降。图 2.29 所示为 pstack 的输出示例 [1]。

另外，通过 pstack 知道函数名后，对于自己编写的程序，就能一边检查源代码，一边调查在哪个函数上耗费了时间。另一方面，很多时候外部产品的函数名是非公开的，没办法对其进行调查。不过，调用栈上显示的 OS 的函数能在网上查到，可以对其进行调查。

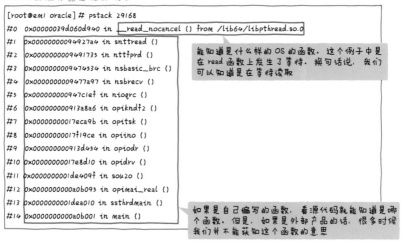

图 2.29 pstack 的输出示例

2.4.9 系统调用（strace 等）

◉性能信息的种类

事件记录形式。

---

[1] 请回想一下第 1 章介绍的栈。栈就是从下往上堆叠的结构。换句话说，处在下面的是发出调用的函数，上面的是被调用的函数。最上面就是程序现在所处的位置。

◉ 在哪里测量

从 OS 看到的某个进程的系统调用信息。

◉ 能知道的信息

能知道在等待哪个系统调用、OS 的哪个函数比较耗时。

◉ 不能知道的信息

不能知道在应用程序内部的哪个地方比较耗时。

◉ 一起使用更有效果的性能信息

首先，通过使用 top 命令等，可以确定哪个进程值得怀疑。确定后再根据需要执行 strace 命令（特别是在 OS 异常的时候使用 strace）。

建议与定期获取的 pstack 信息一起使用，效果会比较好。这样一来，在一直处于等待状态的情况下，也能一并掌握调用栈的信息了。

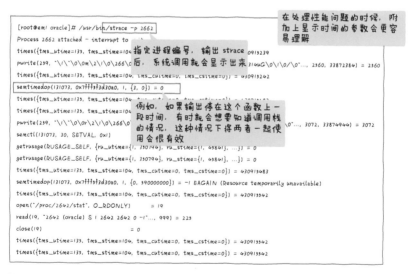

图 2.30　strace 的输出示例

◉ 其他

在没有其他办法的时候才使用 strace。如果要对外部产品使用 strace，请先和该产品的支持部门确认一下。

因为 strace 的负载很高，建议在测试环境下再现故障之后再使用。在生产环境中，请在确认允许处理延迟之后再使用。此外，使用 strace 分析性能故障的时候，请注意 strace 自身也会导致速度变慢。

2.4.10　Profiler

◉ 性能信息的种类

概要形式。

◉ 在哪里测量

从 OS 看到的某个进程的各个函数的处理时间。

◉ 能知道的信息

能够知道哪个函数被调用了多少次，以及时间耗费在了哪个函数上。

◉ 不能知道的信息

不能对某个瞬间的故障的原因进行追查。

◉ 一起使用更有效果的性能信息

可能的话，建议与事件记录形式的信息一起使用，据此就可以知道在处理过程中是否由于 OS、I/O、网络而引起了等待。

◉ 其他

在开发者调查开发环境中整个程序的哪个地方比较耗时时，使用 Profiler 会很有效。原本 OS 的 Profiler 就需要目标程序在编译时加上 -g（调试）参数，因此其多用于调查自己编写的程序。运行环境不同，Profiler 的名字也各不相同（Linux 中叫作 perf，Gnu 中叫作 gprof）。

虽然 Profiler 是用来获取 OS 上的性能信息的工具，但在各种语言环境中，Profiler 也是非常方便的性能分析工具，因此世界上存在各种 Profiler 功能和工具。例如，有 Java 的 Profiler 和 PL/SQL 的 Profiler 等。另外，关于 OS 的 Profiler，理论上即使连续执行 pstack，应该也能获得几乎相同的信息。

笔者有时会通过连续执行 pstack 来快速猜出当前正在哪里进行处理（图 2.31）。在故障现场往往不能立即执行 Profiler，记住这些小技巧有时会很方便。

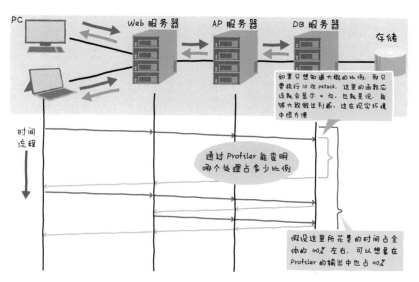

图 2.31　Profiler 的示意图及使用 pstack 代替的方法

2.4.11　Windows 环境

简单介绍一下，在 Windows 环境中笔者会使用以下工具或统计项目。不常见的工具应该都隐藏在控制面板深处。特别是性能监视器，除此之外还有很多其他的统计项目，需要的读者可以自行查看。

顺便说一句，《图解 OS、存储、网络》中也有很多针对 Windows 数据和 linux 数据的小测验，最好能结合起来看一下。

◉ Windows 的任务管理器

该工具就相当于 sar、vmstat、ps、top 等。很多读者知道任务管理器用于强制结束应用程序，但除此之外，它也可以用来查明哪个进程在消费 CPU，以及内存的整体情况。

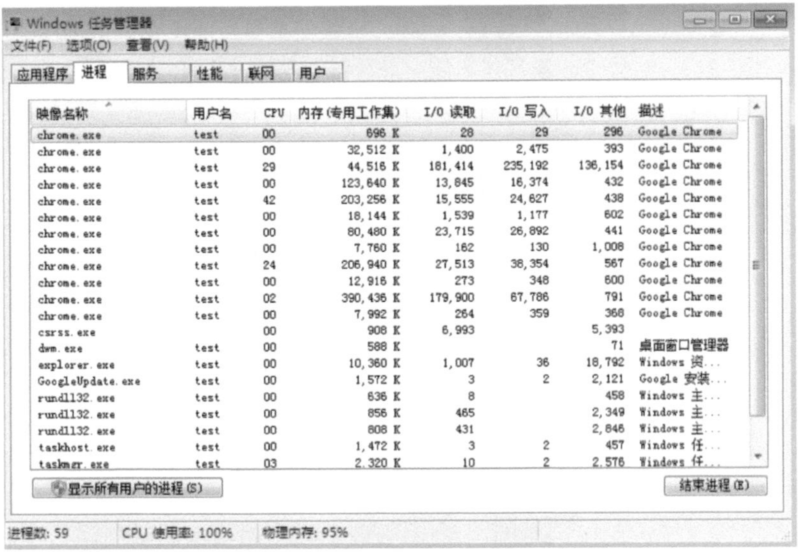

图 2.32　任务管理器

◉ Windows 的性能监视器（perfmon）

该工具就相当于 sar、vmstat、iostat 等，可以用于记录性能信息，以及分析已记录的性能数据等，是一个比任务管理器更专业的工具。

由于统计项目很多，读者最开始可能会不知所措，但慢慢就会确定自己经常使用的统计项目。笔者经常使用的是 "Processor 的 Privileged time（内核时间的比例）" "Processor 的 User time（用户时间的比例）" "System 的 Processor Queue Length（等待 CPU 的数量）" "PhysicalDisk 的 Avg. Disk Queue Length（I/O 中 I/O 等待的数量）" "Memory 的 Pages/ sec" 等。

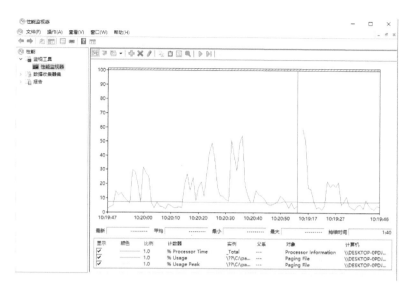

图 2.33　性能监视器

◉ Windows 的资源监视器

　　该工具就相当于 vmstat 等，能显示各个资源的概况，能够下钻（Drill Down）。当想从资源方面着手调查时，使用这个工具会很方便（图 2.34）。

图 2.34　资源监视器

第 3 章

实际系统的性能分析

3.1 Web/AP 服务器与 Java/C 应用程序

接着，我们来看一下服务器和应用程序的性能分析的相关内容。

3.1.1 Web 服务器的访问日志

首先，对于 Web 服务器来说，访问日志（Access Log）是它的基本组成部分。访问日志就是一个事件形式的日志，记录着什么时候传过来一个什么样的请求。不光是时间和 URL 信息，还会记录响应花了多少时间。

那么，从访问日志中我们能读出什么信息呢？首先，可以知道负载的集中情况，也可以确认在性能分析过程中负载是否过高或过低，以及处理请求有没有传递过来等。在分析性能故障的时候，不一定总能获得正确的信息。即使从他处获得了几点几分几秒这样的准确信息，实际上在那个时候访问也可能并没有到达服务器。此外，如果到达时间和响应时间都记录下来了，就能知道是否发生了问题（图 3.1）。

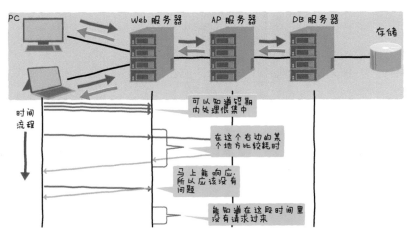

图 3.1　从访问日志中能了解到什么信息

通过使用访问解析工具，能概括出 Web 服务器的性能等的信息。如果在运维过程中需要频繁进行分析的话，请好好利用这个工具。

3.1.2 应用程序、AP 服务器的日志

在 Java 或 C 语言的应用程序中，往往会通过 Log4J 等描述日志输出，即把"这个处理在几点几分几秒开始执行"这样的输出写入到日志。根据本书的分类，这个做法属于事件记录形式。另外，也可以平时不让它输出，而是在需要时通过设置来打开日志输出，这种情况也很常见。与前面所说的 Web 服务器的访问日志一起分析的话，就能分析出"原来这个请求是在这个时间被这个应用程序接手处理的啊"等。但是，一定要注意日志输出的同步问题。如果日志输出的量很大，就会产生日志输出的同步等待，导致应用程序整体被拖慢，所以也要灵活应用后面提到的异步等功能。

那么，能获得概要形式的信息吗？ Java 和 C 语言中可以使用 Profiler。通过观察处理的分布情况，来进行"如果能提高这个函数的速度，性能应该能有提升"这样的性能分析。C 语言应用程序的情况下，如前所述，只要使用与各个平台相匹配的 Profiler 就可以了。那 Java 的情况怎么样呢？ Java 的话，只要使用与 Java VM 相匹配的（或者 Java VM 中包含的）Profiler 工具就可以了。Sun Java VM 的话，可以使用 Java VM 所附带的名为 VisualVM（jvisualvm）的工具来查看 Profile。不过，因为 Profiler 对性能影响比较大，所以一般不在生产环境中使用，而是用于测试环境。

其次，能获得快照信息吗？在 C 语言程序中，可以使用前面所述的用于获取 pstack 等的调用栈的 OS 工具。Java 的话，可以使用线程转储（Thread Dump）。因为是快照信息，所以不用于瞬间延迟的情况，而是用于长时间的延迟、挂起或接近于挂起的时候。

那么，如果不自己记录的话，可以用事件记录形式获取信息吗？在 Java 环境下也有一些相应的工具。例如，在 HotSpot VM 中，有一个名为 Flight Recorder 的工具能记录详细的日志，并且还能根据那些信息进

行 Profile。特别是在生产环境中性能突然变差的时候，预先准备好 Flight Recorder 这样的工具能方便调查问题。

◉ 获取 Java 和 C 语言的性能信息时的差别

在性能信息的获取方面，Java 和 C 语言有什么区别呢？区别就是 GC（垃圾回收）日志。Java 在虚拟机（Java VM）上运行，并且会进行 GC，这对性能会产生一定的影响。从性能分析的观点来说，建议输出 GC 日志。这样一来，就能知道作为基础的 Java VM 是否正常运行着，还是因为发生了 GC 而对应用程序产生了影响，或者会给应用程序造成很大影响的全 GC（又叫 Stop The World）是否在运行。据一位 Java 咨询师说，很多性能故障都是因为没有好好使用这个 GC 日志而没找出真正的原因。如果基础不牢固，它上面的应用程序就不能正常运行，所以需要一并检查。

◉ AP 服务器的日志

接着是 AP 服务器。笔者在第 2 章提到了要注意"到达和出发"，到达时存放的位置就是第 1 章介绍的队列。例如，在 WebLogic Server 中就是 Work Manager 的队列。发起对 DBMS 的连接的起点就是 JDBC 连接池。另外，可以通过查看线程来了解到达和出发之间的活动情况（图 3.2）。以笔者的经验来说，不管是什么 AP 服务器，在进行性能分析时，队列和线程、连接池（或者是连接）等都是需要观察的地方。

综上所述，有 AP 服务器的 Java 的情况如图 3.3 所示，可见不能无视 OS 上的动作和 Java VM 的动作。

没有 AP 服务器的 C 语言应用程序的情况如图 3.4 所示。即使是应用程序工程师，在进行性能分析的时候也要能想象出这样的示意图。

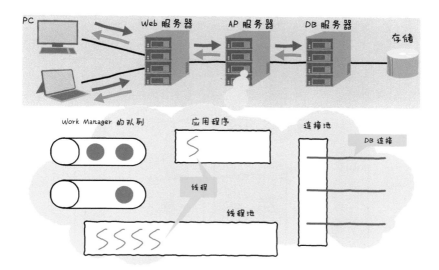

图 3.2 WebLogic Server 的情况下需要观察的地方

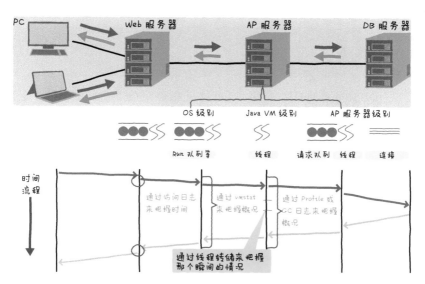

图 3.3 有 AP 服务器的 Java 环境的例子 [①]

---

① 使用 3 层结构来表现 AP 服务器的情况。

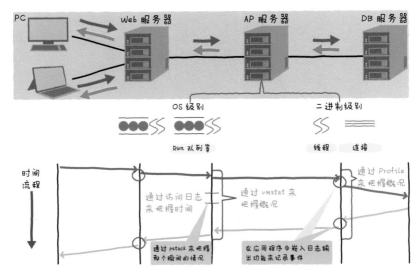

图 3.4　没有 AP 服务器的 C 语言应用程序的例子 [①]

3.2 ‖ DB 服务器的性能测量

　　DB 服务器的 OS、网络和 I/O 的相关内容与前面介绍的类似，这里想针对 DBMS 部分，从之前所述的概要形式、快照形式、事件记录形式的角度来说明一下。另外，关于工具的使用方法等，请参考相应的 DBMS 的图书或者手册，这里不再介绍。

3.2.1 DBMS 的性能测量的原理

　　DBMS 的情况下，了解概要信息是很重要的。在此基础上，再去查看会话或者 SQL 语句（图 3.5）。DB 服务器上存在着多个线程（会话），建议按顺序去获取相关信息。

　　这是因为 DB 服务器需要频繁地查看线程（会话）之间的交互。

―――――――――
① 　使用 2 层结构来表现 AP 服务器的情况。

在 AP 服务器上，各个线程能比较独立地进行处理，而 DB 服务器本身的特点就是集中管理数据，因此很容易出现线程间的交互和资源竞争的情况。当然，与 AP 服务器一样，作为基础的 OS 的影响也是不容忽视的。

此外，DBMS 往往会从很多服务器上接收请求，很多商用 DBMS 都是以并行处理为前提设计出来的。基于上述理由，在进行 DBMS 性能分析的时候，请一定要考虑到多个线程的存在。

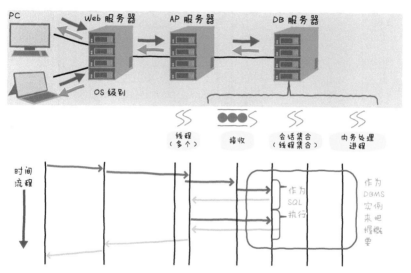

图 3.5　DB 服务器的性能示意图

对于这种以存在多个进程和线程为前提设计出来的 DBMS 来说，性能分析的首要任务就是把握整体的大概情况。就 Oracle（图 3.6）来说，它有 AWR（或者 Statspack）这个工具，据此应该能很容易地俯瞰全局。在此基础上，如果有必要的话，可以通过下钻来深入调查。

下钻应该是以 SQL 或者会话为单位的。SQL 的概要信息可以通过 SQL 跟踪来查看。但是，如果会话处于锁等待状态，就不能查看具体信息了。这种情况可以通过会话集合的快照了解到。为了实现这个需求，名为 ASH（Active Session List）的信息也是很有用的。

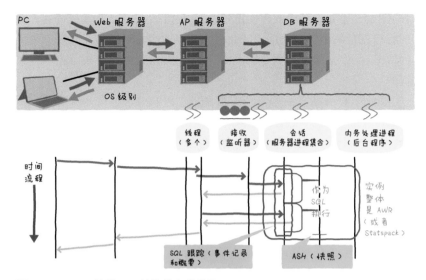

图 3.6　Oracle 的情况下性能信息的获取

3.2.2 性能分析告一段落

　　通过 DBMS 可以获取各种各样的信息，但调查除 CPU 处理时间之外的等待时间（I/O 等待或锁等待）是很重要的，CPU 处理时间加上等待时间才是 SQL 时间，这个概念也很重要。其中，CPU 处理应该是基于第 1 章中介绍的算法来运转的。建议检查一下是否有没用的信息，再分析一下等待时间是必要的还是可以减少的。

　　调查到这个程度的话，DB 服务器的性能分析就可以告一段落了，接下来就是调优了（图 3.7）。

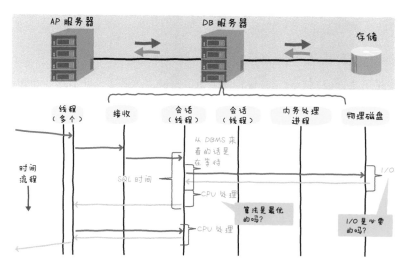

图 3.7 DB 服务器的分析示意图

III COLUMN

批处理的性能测量

　　之前介绍的都是以在线处理为前提的内容，这里想稍微介绍一下批处理的内容。在执行批处理的时候，经常会用一些 JOB 调度器。JOB 调度器会记录何时开始、何时结束等信息。

　　在第 2 章开头我们介绍了 "时间区间的分段查找"。对于批处理，不光是从批处理开始前到结束这段时间，在运行过程中时不时地获取信息也是很有帮助的。这是为了当批处理时间拖得很长，并且多个处理混在一起的时候，能够仅对相应的处理进行调查。最终还是如第 2 章开头介绍的那样，先确定想要分析什么样的故障是很重要的。

3.3 存储性能分析的思路

接下来，我们会介绍存储性能分析的思路。这些方法中有一些也可以运用到存储以外的地方，请好好确认。

提到存储，可能很多时候会想到物理磁盘，但是最近内部含有 CPU 甚至 OS 的存储产品也越来越多，存储正在慢慢向计算机靠拢。于是，笔者有时候就会跟存储供应商说："最近的大型存储本身也可以当 DB 服务器了！"

3.3.1 存储的相关术语

首先来说明一下性能相关的术语

◉ 响应时间

一般来说，存储 I/O 的形式是首先有请求，然后给出响应。从发出请求到返回响应为止的时间称为响应时间。

◉ IOPS

IOPS 是 Input Output Per Second 的缩写。物理磁盘每秒钟能处理的次数基本上是确定的，这是因为它需要机械运作（图 3.8）。而每秒钟的 I/O 次数就称为 IOPS。在很多系统中，当存储达到性能极限时，往往 IOPS 也就达到了极限。在笔者看来，普通磁盘的 IOPS 最大为 200 左右。希望读者注意的是，随着 I/O 变大，IOPS 会降低。

另外，SSD 等电子磁盘有一个优点是 IOPS 很高。IOPS 这种思路不光适用于物理磁盘，也适用于用于存储的各种适配器上。

◉ 吞吐

响应就是对每个处理的应答。响应提高后，工作量也会相应增加。另一方面，还有一种方式是通过并行处理来增加总的工作量。单位时间的工作量用吞吐来表示。在考虑性能的时候，请注意关注点是什么，是吞吐、响应，还是 IOPS。

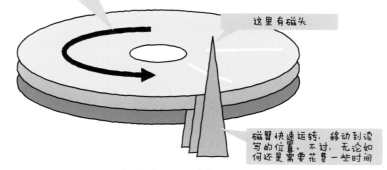

磁盘正在高速运转，单位是 rpm。
13 000rpm 就是每分钟 13 000 转。
数值越大，性能越好

这里有磁头

磁臂快速运转，移动到读
写的位置。不过，无论如
何还是需要花费一些时间

也就是说，I/O 花费的时间 =
磁臂移动的时间 + 等待运转的时间 + 实际的读写时间

图 3.8　物理磁盘与 IOPS

◉缓存命中率

在存储的世界里，磁盘、存储、OS 等各处都存在着第 1 章介绍的缓存。我们使用缓存命中率作为表示缓存工作效率的指标。所谓缓存命中率，指的是在总的处理次数中，通过缓存进行处理的次数所占的比例，它的值越接近 100% 越好。

另外，关于缓存命中率有几个需要注意的地方。首先，在第 1 章介绍的回写状态下，如果没有特殊情况，写入是 100% 的缓存命中率，读取的 I/O 也不简单。

◉脏数据（或者脏数据块）

已经更新但没有写入的数据称为"脏数据"。我们在第 1 章介绍过，缓存并不是正式存放数据的地方，必须在某一个时间把脏数据写入。而脏数据以外的数据，由于在实际存放的地方也有对应的数据，因此将其从缓存上丢弃也没有关系。但脏数据是不可以丢弃的。如果在缓存上堆积了大量的脏数据，I/O 就无法有效运作，进而就会导致问题的发生。

3.3.2 存储性能分析的思路：重视 IOPS

首先，我们来了解一下存储的结构。从存储负责人那里应该可以拿到存储的结构图。如果是大型存储的话，其结构图可能有很多层次，并且会有很多线复杂地交汇在一起。这种情况下可以请负责人说明一下。

如果是简单的存储结构，那么你看到的应该与 iostat 的项目中说明的情况一样。而如果是复杂的结构，可以这样考虑："这个逻辑设备在物理上是与多块磁盘连接起来的……"

在读取大量数据的时候，分析性能的思路很简单，就是尽量接近磁盘的最大传送量而已。但是，文件系统和 DB 服务器的情况下，就完全不是这回事了。不仅必须读取 i-node 信息等管理信息，DB 服务器除了管理信息之外，很多时候还要读取索引信息。因此，就实际的存储情况来看，往往会频繁发生小的 I/O。

从重视 IOPS 这一点来看，把 I/O 均匀地分散开来是一种万能的设计。只要检查一下物理磁盘上 IOPS 为多少就可以了。但是，在实际的性能中，首先要检查磁盘利用率和队列等待的数量（图 3.9）。

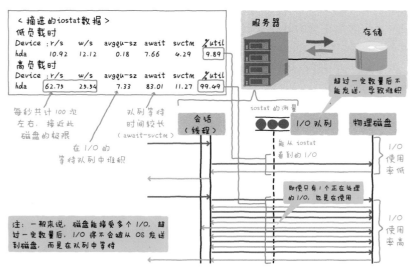

图 3.9 存储性能分析的思路①

对于简单的磁盘结构来说，这个方法是有用的。那么复杂的情况下会如何呢？在介绍 iostat 时我们提到过，有时候会使用多个磁盘组成一个逻辑设备。在这种情况下，可能看起来到了磁盘的极限，但实际上还很空闲（图 3.10）。

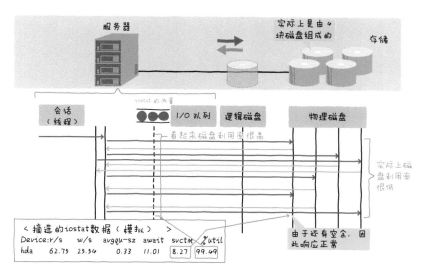

图 3.10　存储性能分析的思路②

更复杂的结构中可能还会发生以下情况：I/O 本应落在另一个磁盘上，却访问了同一个磁盘（图 3.11）；或者与此相反，本应访问同一个磁盘的，却访问了另一个磁盘。

至此，我们可以知道从 iostat 观察到的使用率或 I/O 次数并不是绝对的指标。实际可以使用的一个指标是响应的恶化程度。根据等待队列理论我们知道，I/O 次数接近临界值的时候，响应应该就会变慢。基于这种现象，我们能够把握磁盘是否接近临界值。

大型存储本身就像是一台服务器，并且可以获得存储内部的 I/O 信息。从外部分析是存在局限性的，因此可以说不观察其内部信息，就很难知道是否接近了临界值。

虽说 I/O 是瓶颈，但有时并不会出现等待队列。比如来来回回（类似于投接球）的请求导致性能难以提升的情况。具体来说，每次的请求都很短，但请求次数很多，导致性能没办法发挥出来。I/O 本身存在一个最低限度的必要时间。这也是一种 I/O 瓶颈。像批处理这样用特定的线程来进行处理的时候，很容易出现这种现象（图 3.12）。

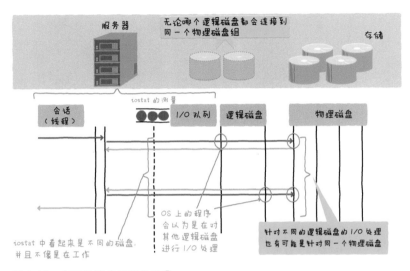

图 3.11　存储性能分析的思路③

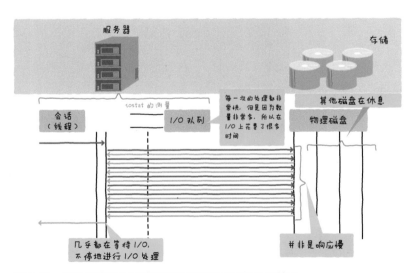

图 3.12　由于来来回回的请求而使得性能无法提升的情况

其实，只要命中存储的缓存，每次 I/O 就只需要不到 1 毫秒，对磁盘直接进行 I/O 也应该不到 8 毫秒。若比这个时间还要长，那应该就是在哪一个环节产生等待队列了。

◉ I/O 与缓存导致性能降低

接下来我们来聊聊 I/O 和缓存导致性能降低这种比较复杂的情况。这是我们在第 1 章介绍的回写式的缓存所造成的现象，原因在于一些脏（更新完毕的）数据块导致缓存被塞满。这在 DBMS、OS 以及存储中也是有可能发生的。当缓存内空间不足的时候，会怎样呢？不同产品的情况会有所不同，有的会忽然被要求等待，有的会导致性能下降。无论是哪种情况，写入都会变得非常缓慢（图 3.13）。

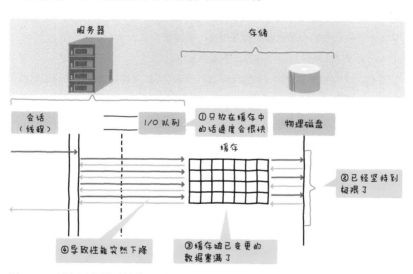

图 3.13　缓存不足导致性能严重下降

最近，存储和网络的界限变得越来越模糊了。以前，磁盘要么直接和服务器连接，要么通过存储专用的线连接。可是，最近随着存储的网络化，直接连接到普通的 LAN 的情况也越来越多。另外，磁盘 I/O 变为网络 I/O 的情况也越来越多。在 NAS（Network Attached Storage）以及云环境下，磁盘 I/O 在普通的 TCP/IP 网络中完成的情况也很多。这一点需要注意。详细内容我们将在第 7 章介绍。

3.4 ‖ 网络性能分析的思路

　　看完了存储，我们再来看一下网络吧。网络的世界是错综复杂的。但是，与存储相比，虽然两者的命令和机器不一样，但性能分析的思路是基本一致的。比如，需要关注的是吞吐还是 IOPS、通过分段查找来分析、需要关注等待队列等，两者有着非常多的共同点。另外，两者的不同主要表现为以下几点。

- 如果是普通的业务应用程序，除了来来回回请求次数很多的情况之外，一般不必担心网络的性能
- 夹在中间的中转机器的数量很多（需要很多跳）
- 和 WAN 以及数据中心等距离较远的情况
- TCP 中有窗口尺寸（Window Size）和 ACK 这样的机制。另外，这些和数据包长度（Packet Size）都是比较小的

　　首先我们从"窗口尺寸和 ACK、数据包长度"这点开始说明。网络其实就像是一个邮局系统，不过这个邮局系统需要将比较大的货物拆分为小包，只发送一定量的货物。以太网的话会拆分为 1460 字节以下的小包。在距离较远的情况下，如果以 1460 字节的大小反复通信，以此来发送大量的数据，那是很困难的。这个时候，就需要根据网络的情况，在网络可承受的前提下一次性发送多个包。而至于包是否送达，可用 ACK 这个机制来确认（图 3.14）。

　　接下来，我们来说明一下"夹在中间的中转机器的数量很多（需要很多跳）"这一点。像交换机、路由器、防火墙、网络路由等，夹在中间的机器非常多，所以即便每次只延迟一点，但是从整体来看次数很多，花费的时间也很多。因此，对于一般的应用程序来说，充分利用网络带宽是一件非常困难的事情。

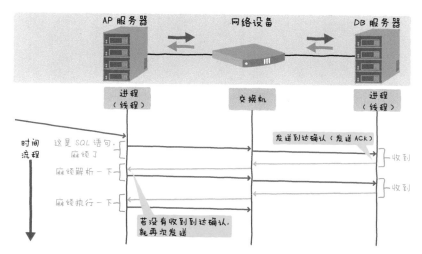

图 3.14 边通过 ACK 确认边进行对话

下面来看另外一个特点："如果是普通的业务应用程序,除了来来回回请求次数很多的情况之外,一般不必担心网络的性能"。关于这一点,大家想象一下 telnet 和 SQL 就比较容易理解了。telnet 中,输入 1 个字符后,这个内容可以立刻到达服务器。换句话说,就像接球游戏那样推进处理。就数据量和次数来说,次数将会成为问题。SQL 也是一样的。在 SQL 的准备、执行以及数据的接收等的过程中,只要不发送或接收大批量数据,那么与量相比,次数就更容易成为问题(图 3.15)。只要抓一下 telnet 或者 SQL 通信的数据包就能知道,为了 1 次处理竟然需要那么多次反复通信(以及等待对方)。所以说,在这种情况下,快速响应是非常重要的。

那么,接下来再来看一下影响性能的另一个特点,即"和 WAN 以及数据中心等距离较远的情况"。同一个通信,LAN 的情况下只需要不到 1 毫秒,而如果是在东京和大阪之间,或者是数据中心之间,就有可能要花费几十毫秒。几十次 × 几十毫秒,很容易就变成好几秒了。这种问题在云环境和数据中心之间是很常见的。关于云环境中的这种问题,请参考第 7 章的内容。

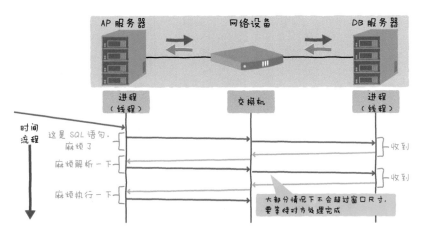

图 3.15　一般通过类似于接球游戏的形式推进处理

COLUMN

性能故障数据应该保存多久？

　　从笔者的经验来说，应该是 2 周左右吧。1 周也不是不可以，但考虑到有节假日之类的情况，经常也会有需要分析 1 周前的信息的情况。

　　当确定需要调查什么以后，首先要把那段时间的数据复制一份出来保存。这是为了避免事后又想调查某个数据的情况。若是想和 1 个月之前的月度批处理数据进行比较，那也可以考虑保存 1 个月左右的数据。

　　另外，建议设置成超过保存期限以后数据自动清理的形式。如果因为性能故障数据太多而导致发生故障，就真的是适得其反了。

3.5 ‖ 调查原因

　　通过前面的介绍，读者可能对性能分析有了一定的了解。不过，在调查原因时有一些需要注意的地方。

3.5.1 初学者容易掉入的陷阱

初学者由于经验不足很容易掉入以下几个陷阱。

◉陷阱 1：关注受害者

假设通过 sar 等获得信息后，找出了性能出现问题的地方，也知道了 CPU 使用率高。但是归根结底，这些都是受害者相关的信息。在原因调查中，重要的是调查"谁引起的"。"谁引起的"这种信息，在前述的概要形式的工具中一般是不会记录的，这就需要依靠事件记录形式和快照形式。而大多数情况下是没有事件记录形式的日志的，所以只能通过快照形式来找犯人。在同一时间范围内出现的可疑者（平常看不到的处理）就是嫌疑犯。如果受害情况与可疑者的特征能对上的话，那么嫌疑犯很可能就是真凶（图 3.16）。

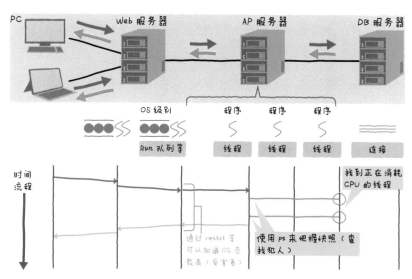

图 3.16 受害者与犯人

例如，在 Oracle 中出现了待机事件，假设知道了这是导致 SQL 变慢的原因，那也并不意味着就是待机事件的错，待机事件只是表明了

"正在等待"而已。我们必须找出引起待机事件的正在运作的线程（在 Oracle 中是服务器进程）。这个时候，前面介绍的 ASH 就派上用场了。

◉ 陷阱 2：没有意识到基础不稳

AP 服务器变慢了，DB 服务器变慢了，可是只知道这些还是不能解决疑问怎么办？实际原因可能是基础不稳定，而在它上面运行的应用程序和中间件等只是受到了影响而已。这种情况下，对 AP 和 DB 的调优也就没有意义了。

例如，如果在 Java 上发生 Java VM 的 GC，AP 服务器就会变慢。DBMS 上 OS 变慢的话，就会导致 SQL 的执行速度变慢，或者发生名为闩（Latch）的等待。在调查原因的时候，请一定别忘了检查基础的性能信息，确认基础部分与故障没有关系。一位 Java 咨询师曾说过，在 AP 变慢的案例中，原因在于 GC 却一直没有被意识到的情况很多。另外，笔者作为 DB 咨询师想要说一下，闩等待的原因大多在于 CPU 负载过高。像这样，原因出现在基础部分的情况下，很可能去做一些完全无关的修改工作。请一定注意这一点。

◉ 陷阱 3：没有注意到负载的变化

在发生问题的时候，就要调查问题的原因。这个时候，你会检查负载量吗？在介绍等待队列的时候我们提到过，负载增加的话，等待时间会以指数级别增长。这可能是导致问题的原因。如果使用概要形式进行分析，就比较容易注意到这个陷阱。概要形式的强项就是可以将处理量的大小以概要形式展示出来。

另外，对于初学者，笔者建议在调查时将执行同一处理的没发生问题的日志数据与发生问题的日志数据加以对比，这样就能知道差异，也更容易推导出原因。

◉ 陷阱 4：不能确定谁拿着球

在协作运转的系统中，一旦出现延迟问题（特别是网络部分），初学者往往就会感到迷惑，不知道应该调查哪里。如果能把握投接球的交互和架构，就能作出"这边没什么反应，有点奇怪"这样的判断了。这个时候，找出时间上空着的地方，然后调查一下在那之后是怎么交互的。这样一来，多数情况下我们就能获得一些有用的线索了（图 3.17）。

另外，除非是带着时间戳的事件记录形式的日志，否则是很难分析这些信息的。这是因为概要形式会隐藏必要的信息，使得我们无法发现它们。

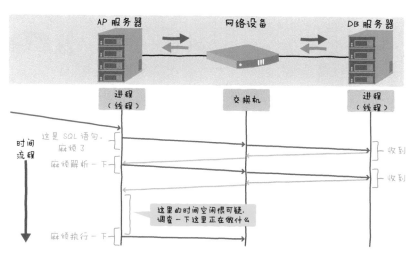

图 3.17 投接球过程中的时间空闲区域在哪里

◉陷阱 5：不能确定因果关系

在发生性能故障的时候，会同时出现很多现象。比如，内存减少、CPU 使用量增加、I/O 增加、处理数量增加……这些都是什么原因导致的呢？很多人不能把握原因，而只是随便瞎猜一下就进行调优。

掌握因果关系的一个窍门是学习架构知识。知道了机制后就能减少错误分析的情况。另外，从逻辑上来考虑因果关系是很重要的。也就是说，要试着思考一下"这个现象能否解释另一个现象"。同时发生多个故障的情况是很少见的，原因应该在于其中一个。例如，假设我们发现了 I/O 变慢的现象和应用程序变慢的现象，应用程序的处理次数没有变化。这样的话，应用程序变慢的原因在于 I/O 这个推论就能成立了，反过来的话则是说不通的（图 3.18）。

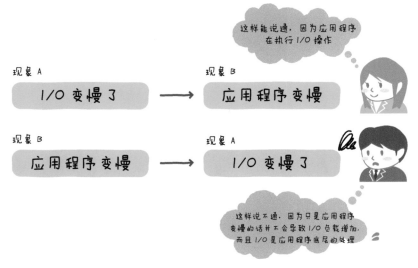

图 3.18　逻辑推导因果关系

3.5.2　应有的态度

下面笔者将根据自己的经验来谈一下在进行性能分析时应有的态度。

◉不简单下结论

在分析的时候，要努力获取辅助证据。也就是说，不凭单个证据就下结论，还要找出能加以印证的其他证据。笔者见过很多故障，个人觉得性能故障存在以下几种情况：性能数据本身就有问题（不要意外，确实有这种情况）；相关人员的解释并不正确；系统架构很不常见，并不是运用简单逻辑就能奏效的，等等。

一定要非常小心。例如，根据 OS 的信息，如果认为 I/O 的性能有问题，不妨通过 DB 信息来确认一下 SQL 是否因为 I/O 而变慢。实际上，有时虽然 I/O 变慢了，但 SQL 并不会变慢。能够找出原因固然令人欢喜，但也要养成使用别的证据来确认的习惯。小学的时候应该经常会听到"要验算"这句话，说的就是这个意思。

◉ 调查就像是投接球

性能故障分析就像是相关人员之间进行投接球游戏。请尽可能确保接到球后尽快投回去。此外，在投出去的时候，也要附加上方便对方投回来的信息。

例如，假设有 OS 供应商、DBMS 供应商和程序员。程序员向 DBMS 供应商反馈"SQL 有点慢"，并请求 DBMS 供应商进行调查。DBMS 供应商调查了那个 SQL 后，注意到 I/O 比平常的时候要慢，于是向 OS 供应商反馈"OS 有点慢"，并请求 OS 供应商进行调查。假设 OS 供应商查看了 vmstat，注意到是由于多次发生分页而导致了 I/O 变慢。假设这是由于应用程序使用了大量的内存所导致的。于是 OS 供应商向程序员反馈"应用程序使用的内存有点多……"程序员检查了一下 OS 信息，注意到启动了多个程序，然后发现这是由于 DB 中发生了锁等待，于是向 DBMS 供应商反馈……虽然不能算是蝴蝶效应，但在性能故障中这样的情况还是很多的。

为了解决这个问题，请在反馈的时候添加上这样的信息："在 1 点 10 分 30 秒的时候，I/O 有点慢。当时的文件是名为 system.dbf 的文件。平常读取只需要 3 毫秒，但这次看起来花费了 100 毫秒。"很多人没附上具体信息就请求别人帮忙分析，这样的话别人就要从头开始确认，很费时间。

◉ 综合来看各种数据

虽然可能会被别人嫌弃，但也请尝试着调查下别人的领地（别人负责的范围）。这是为了不出现德州安打 [1] 的局面。很多时候在故障现场，每个人都说"不是我这里的问题"，谁都不肯负责。在用户和系统集成商（System Integrator）看来，这是非常令人讨厌的。

有些时候，拿着其他供应商的信息，和相关人员说："看起来是这样

---

[1] 棒球比赛中的词汇，指球被击出后落在内外野之间成为"三（三垒手、游击手、外野手）不管地带"的安打。

的，是不是有什么问题呢？"很多时候都能让问题得到解决。只是不要在会议等场合公开发言，要在私底下以一对一的形式交流，可以说："我手头上有这样一个参考信息……"以向其提供性能信息的姿态来处理的话，可能会比较顺利。

或者也可以采取向人请教的态度。最开始可能对方态度会很冷漠，但随着"我手头的这个信息能解释你那边的现象""你的那个信息能解开我这个疑问"这样的交互，工程师之间互相坦诚相见，也能让问题得到解决。

COLUMN

获取各种性能信息的时间要吻合吗？

正如本书介绍的那样，存在各种获取性能信息的工具。各位是怎么处理它们的运行时间的呢？基本上为了对上数据，最好能让时间都对上。例如，事先决定每小时的 0 分开始获取 vmstat 信息，并且以 1 小时为单位持续获取；每小时的 0 分开始获取 iostat，并且以 1 小时为单位获取；每小时的 0 分和 30 分获取 Oracle 的 AWR 信息等。这样，贯穿各种工具的数据之间就建立起了联系，便于分析。例如，可以像"DB 上 I/O 很频繁，这与 iostat 的这个信息有关，访问都集中到了这个磁盘"这样来使用。

但是，一部分命令在执行过程中会让负载升高。一两个工具还无所谓，如果设置成很多工具同时工作，就会导致那个瞬间的 CPU 使用率达到 100%。这个时候，可以对每个工具开始获取信息的时间进行微小的调整。在进行这样的调整的时候，请一边运行，一边确认系统能承受的程度。请养成这样一个习惯：在设置好性能信息获取工具后，确认它会对系统造成多大的负载。

3.5.3　实际的调查流程

下面按流程介绍一下性能分析是如何进行的，算是对调查方法进行一个总结。假设相关人员抱怨："12：00 左右 Web 服务器的性能好像变差了。"

　　首先要进行事实确认。假设我们通过访问日志了解到从 12：05 到 12：15 系统比较慢，好像的确存在问题（图 3.19 ①）。并且，我们知道那个时候负载并没有很高。那么就让我们来调查一下 Web 服务器和 AP 服务器吧。假设通过 vmstat 发现那个时间 CPU 出现了超负载的情况（图 3.19 ②）。我们找出了可能的受害者。接着，让我们来找出嫌疑人。因为不知道线程级别的信息也就无从分析，所以首先来看一下 ps 吧。如果是每 5 分钟获取 1 次信息，那么可以认为在那个时间段内正在运行的程序比较可疑（图 3.19 ③）。假设有多个名为 batch 的程序正在运行，让我们来获取一些佐证。如果能确认"这个程序在 12：05 前是不存在的""12：15 以后也不存在""前一天的这个时间段它没有在运行"就可以了。接着，问一下批处理的负责人"batch 只在今天 12：05 到 12：15 运行了吗"（图 3.19 ④），也可以让他给你看一下批处理的运行日志，你应该会听到"晚上批处理出现了问题，于是在中午休息的时候执行了一遍"之类的解释。

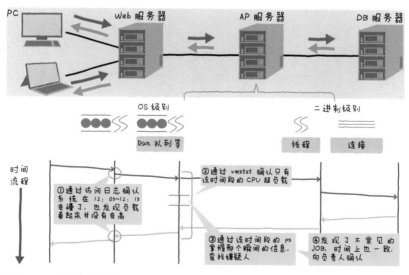

图 3.19　分析流程示例

接着再说明一个流程，请见图 3.20。如①所示，假设"在 10：00 至 10：05 之间性能有所变差，从应用程序这边能看到那个时候的 SQL 很慢"。根据 DB 的信息，假设已经知道了该时间段的 I/O 延迟很大（图 3.20 ②），于是请求存储负责人的帮助。存储负责人（可能是同一个人）查看了 iostat，发现 DB 的 I/O 确实慢了大约 10 倍（图 3.20 ③）。调查了一下原因，发现向 swap 设备的 I/O 很多，也就是说分页很频繁（图 3.20 ④）。接着，向 DB 服务器的负责人确认是否发生了分页。通过 vmstat 可以确认分页很大，b 列的数字也很大。接着，查找消耗内存的进程。假设通过 ps 确认了是 DB 的进程（图 3.20 ⑤）。如果还在持续消耗内存的话，那么连接就比较可疑了。查看连接请求，发现虽然是连接池，但只在那段时间连接很频繁（图 3.20 ⑥）。查看一下 AP 服务器的 DB 连接日志，发现 DB 连接的确不够，所以才增加了连接（图 3.20 ⑦）。

至此已经是一个很长的调查过程了。请注意这个过程中一直在进行调查的投接球。接着，还要继续调查是 DB 服务器的内存不足还是 AP 服务器设置的疏忽。

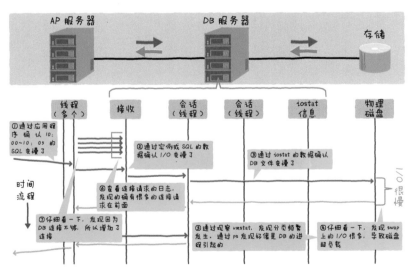

图 3.20　DB 服务器的分析流程

至此，性能分析（相当于性能的可视化）终于结束了。下一章将会介绍在实践中对可视化了的性能进行调优的方法。

 COLUMN

性能分析的理想工具

很多人会想："性能有这么多的测量点和层级，需要注意的地方是不是有很多？"另外，一些信息系统的负责人可能会想："技术上的东西无所谓，我想知道对业务的影响（系统整体的影响）。"其实，类似于这样的声音很久之前就有了。对于本章介绍的几个测量点，有一些理想的工具可以进行自动测量、把握整体情况、将其图形化，并与业务 KPI 相互配合，显示出速度慢的位置。曾经就有几家公司的销售人员向笔者推荐过这样的工具，例如Oracle 的 REAL USER EXPERIENCE INSIGHT（RUEI）（图 A、B）。除了分析性能之外，这个工具甚至还能重放事务。如果预算和条件允许，为了让运维更轻松，不妨尝试一下这样的工具。

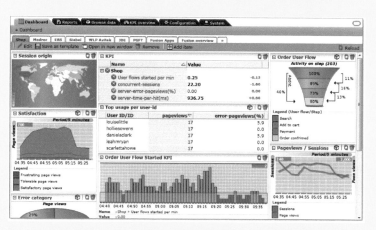

图 A 使用 Dashboard 来把握系统整体的性能及对业务的影响

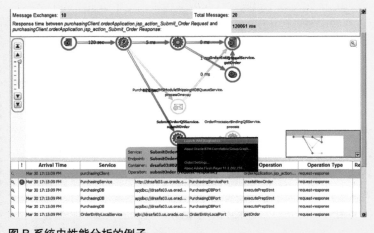

图 B 系统内性能分析的例子

第4章

性能调优

4.1 ‖ 性能与调优

关于调优，如果能很好地理解算法和系统架构，并能很好地进行分析，接下来就只需掌握准则与实践技巧就行了。算法我们在第 1 章已经介绍过了，系统架构的相关知识请参考其他图书，性能分析在第 2 章、第 3 章也介绍过了。在第 4 章，我们来看一下笔者在实践中总结出来的准则及实战技巧。

4.1.1 现实中的性能

如第 1 章介绍的那样，从复杂度的角度来看，如果只是查找几个数据，比起查找所有的数据，使用索引的方法在性能上会更胜一筹。二者的复杂度分别是 $O(n)$ 和 $O(\log n)$。但是，实际上即使只查找几个数据，有时也是 $O(n)$ 的方法更快。比如，我们来考虑一种比较少见的情况：所有的数据都放在同一个数据块中，假设有一个高度为 2 层的索引，要从中找出 3 条数据。这种情况下需要访问 3（条）× 2（层）= 6 次数据块。而从开头开始查找的话，则只需访问 1 次数据块。因此，在这种情况下，全扫描（Full Scan）的速度更快（图 4.1）。

我们在第 1 章介绍过索引的复杂度是 $O(\log n)$，但实际上它的复杂度更像是 $O(1)$。当在数据块中存放很多行时，索引就不再是二叉树，而是变成了多叉树。并且，即便数据量很大，层数往往也能控制在 3 层或者 5 层左右（图 4.2）。当索引是 3 层的时候，访问 4 次数据块就能访问到目标数据。如果是 4 次的话，就可以将其看作是一个常数，所以感觉复杂度像是 $O(1)$。换句话说，数据量很大的情况下，要从中找出 1 条数据时，比较全扫描和索引也就变成了比较 $O(n)$ 与 $O(1)$，因此可以说索引的效果更好。即使数据量增加，索引的性能也几乎不会变差。

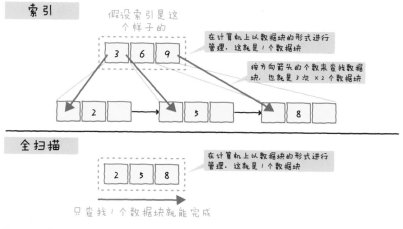

图 4.1 全扫描比索引更快?

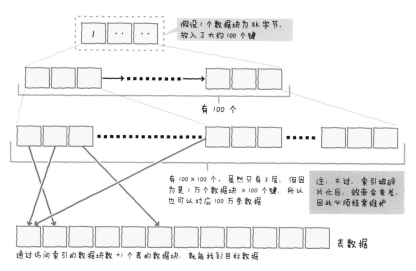

图 4.2 索引的复杂度实际上可以看成是 $O(1)$

　　此外，在现实世界中，不论查找的数据量是多还是少，性能都会发生相应的变化。查找一定比例（占整体数据的百分比数）的数据时，哪个方法更好呢？例如，当要查找的数据是整体数据的 0.1% 的时候，使用索引比较好。使用索引的话，只需要访问 0.1%×4 次，而全扫描的话则是 100%（图 4.3）。但是，如果查找的数据量占 40%，则使用索引的话需要 40%×4 次，而全扫描的话则是 100%，全扫描胜出的可能性更高。

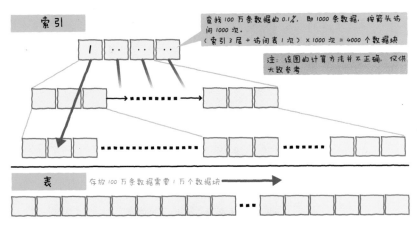

图 4.3　实际上，根据需要查找的数据量，两者各有胜负

　　像这样考虑"比例"后，实际中性能如何就要看具体情况了。例如，在 Oracle 的手册中有这样的描述："在数据量较大的表中，如果经常查找的行数不到总行数的 15%，就创建索引。"这就是在何时创建索引能收到良好效果的一个"基准值"。在这段文字的后面还有这么一句话："根据扫描表的相对速度与索引键……"由此可见，这个基准值会根据环境的不同而不同。在实际进行性能调优时，应该灵活应用在第 1 章学习的复杂度，同时参考实际的基准值，来判断哪一种方法可能会更快，然后进行尝试。

　　另外，这个基准值会根据时代和产品的不同而发生变化。曾经网络传输速率是 10 Mbit/s，而在最近 10 年中已经进化到了 10 Gbit/s。另一方面，第 3 章介绍的物理磁盘的 IOPS 在这 10 年中则没怎么提高，大约也就是从 100 变为了 200。因为物理磁盘的大小从大约 100 GB 增加到了 2 TB 左右，所以一定大小的物理磁盘所对应的 IOPS 在某种意义上变小了。而 SSD 能达到 10 万。这样看来，如果使用 SSD，就没必要担心 IOPS 了。

此外，最近还出现了不少 SQL 并发处理功能和数据仓库（Data Warehouse，DWH）的专用服务器。那么应该怎么来考量它们的性能呢？例如，在执行并发数为 8 或 16 的处理时，全扫描的时间应该会接近 1/8 或 1/16。不过，即便如此，在查找 1 条数据的时候，很多情况下还是使用索引的速度快。如前所述，考虑到只需访问 4 次数据块就能完成，我们可以想象到使用索引速度会更快。另一方面，查找 $N\%$ 的数据时会怎样呢？由于只需 $1/N$ 的时间，因此前面提到的 15% 的基准值就变为 $N\%$。实际上，鉴于全扫描速度变快，有的 DB 专用服务器将生成索引的基准值设置为了 1%。这种情况下，有时会在设计中去掉索引。从事性能调优的工程师应该注意磨练自己对数字的感觉。

4.1.2 在现场要保持"大局观"

如果只讨论一两个因素的话，那么上述几点就足够了。但是，在实际的系统处理中，从复杂度方面考虑，可能需要进行 $M \times N$ 或者 $M \times N \times O$ 这样的多重处理。这个时候，如何考虑才好呢？如果能立即处理 N 的话，$M \times N$ 就会变成 $M \times$ 小数字，那么只需考虑 M 即可。如果 M 也能立即处理，就变成了小数字 × 小数字，这个时候速度就很快了。

但是，假设 N 变为 100 倍，M 也变为 100 倍，那整体就变成了 1 万倍。在 DB 中这样的处理很常见。例如，连接表 A 和 B 的时候，复杂度就变成了 $M \times N$。如果这里有索引，数据是一一对应的，那么 N（或者 M）就变成了 1 或者小数字，性能会有很大的提升。在类似于这样的情况下，就应该使用复杂度思维的大局观，抓住重点来往前推进。

接着，在实际的 IT 系统中，从大局观来考虑，对处理的成本有一个大致感觉也很重要。例如，我们说 I/O 处理与 CPU、内存处理比起来速度非常慢。假设有 1 个处理需要 "10 次内存的加法 + 1 次磁盘的读取"。在这种情况下，可以忽略 "10 次内存的加法" 部分。这个与复杂度的思考方式是一样的。

为了能贯彻这样的思考方式，对处理的成本有一个大致感觉也是很重要的。例如，硬盘处理需要花费几毫秒。如果仅放置到存储的缓存，就只需不到 1 毫秒。如果对物理磁盘进行 1 次 I/O 用时超过了 10 毫秒，就会觉得"好慢啊"，而如果不到 1 毫秒就完成了，就会想"虽然看起来好像是进行了磁盘 I/O，但应该只是命中了某个缓存"。与内存的 1 次交互的时间应该是以纳秒为单位的，而 1 个比较简单的 SQL 则大约需要几毫秒。另外，大部分 DBMS 创建连接需要花费几十毫秒。1 次响应走 LAN 的话只需不到 1 毫秒，走 WAN 的话则可能需要花费几十毫秒。

　　如果没有这样的感觉，就可能会写出如图 4.4 所示的程序。这种情况下，大家应该都知道该怎么计算吧！那就是"几毫秒 × 数组的数量"。图 4.4 中的例子的代码虽然很容易理解，但从性能的角度来评判的话，很难说它是一个最优的程序。像这样，有时候写程序的人可能意识到了算法，但却没有意识到"一行的成本"。

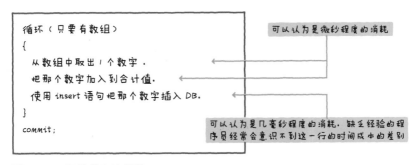

图 4.4　一行的成本的差别

4.2 ║ 性能调优的准则

　　接着我们来介绍性能调优的准则，大家将此看作是前辈传授的经验就好。

4.2.1　设定既不能太粗也不能太细，要刚刚好

在实际的系统中，像"数据块""页"这些与块相关的概念非常重要。在计算机中，除了进行 1 字节、2 字节这种单位的处理之外，也会把几千字节当作 1 个块来处理。这就是数据块与页[①]。在内存中 OS 也是以页为单位进行处理的。存储则是以数据块为单位进行处理。另外还有把它们汇总起来进行处理的单位——段（Segment）。

在第 1 章中我们介绍了索引（树）结构，其中有很多都是以页和数据块为单位来生成树的。这些块就是为了方便管理而被引入的。按块来管理的话，由于数量会减少，因此管理的空间也会变小。

那么，如果管理的对象数量变多会怎样呢？管理空间就会变大。这个时候就会导致内存不足或（扫描管理空间等工作的）性能变差。以前数据块即便很小也没有问题，如今随着物理内存增大，导致管理空间也变得更加庞大，容易引发故障。对此，Linux 中出现了 hugepage 这种大单位的管理方式。

相反，如果管理的对象数量变少会怎样呢？管理空间就没什么压力了。但是，如果块很大，就很容易出现没有使用的空闲空间。另外，由于处理对象很少，在并行处理的时候很容易形成瓶颈。

因此，"刚刚好"是最合适的状态。例如，在设计系统的时候，把文件分割为小块，同时使进程有一定的富余，这样就需要进程 × 文件个数的管理空间，内存会比较吃紧。相反，如果设计成大文件，把数据都保存在 1 个文件中，那么随着读写请求大量涌入，有时就需要进行锁等待，性能也就比较差。

在大规模公司及系统中，人们往往认为文件越大越安全，因此会倾向于将文件设置得大一点。但大家应该知道，从优化性能和避免故障的角度来看，这并不一定是正确的做法。

[①]　最近以 M 字节为单位的页也越来越多，可以预测今后会往更大的方向发展。

4.2.2　调优要循序渐进

　　请大家记住这样一个思路：先把大石头移开。大石头移开后，中等大小的石头可能就显现出来了。性能调优的原则就是先解决大问题，然后解决剩余问题中的大问题。在解决了大问题后，通常隐藏在它背后的问题也会暴露出来。也就是说，解决了前面的瓶颈后，下一个瓶颈就显现出来了。

　　反之，有时候解决了大问题后，其他问题就会随之自动解决。这是因为它们之间存在因果关系。

　　例如，假设我们要解决 I/O 瓶颈。问题解决后，之前一直在 I/O 等待的线程就能自动运转了。随着性能的提升，CPU 使用率也就自然而然地提升了。那么这样就万事大吉了吗？不是的。接下来 CPU 使用率可能会是个问题。我们可能需要进行调优，来减少对 CPU 的消耗。像这样，移开大石头后，通常中等大小的石头就会显露出来（图 4.5）。

　　详细内容我们会在性能测试那一章（第 5 章）进行说明。确定性能目标（Goal），超过目标范围之外的情况不予处理，这一点也是很重要的。

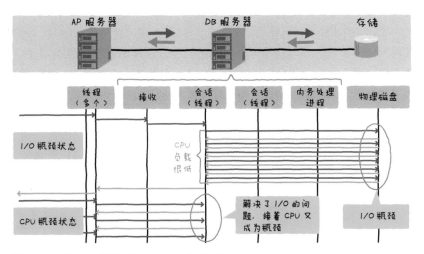

图 4.5　解除 I/O 瓶颈后，CPU 又成为瓶颈

4.2.3　通过重复使用来提速

从性能的角度来看，应尽量避免做无用功。例如，反复生成和丢弃可能就是无用功。正确的做法是生成后不要丢弃，下次再把它重复利用起来。DB 的连接池、Web 的 Keep Alive、AP 服务器的线程池等都是具有代表性的例子。不过请注意，这在管理上会很麻烦。这里有一些需要考虑的地方，比如监控是否已经死机、在异常结束的时候自动重启等。

在应用程序中，使用 PreparedStatement 也算是重复使用的一个例子，这样在后面使用时就不需要再次进行解析了。此外，不每次都访问DB，而是将获取到的数据保存起来，以此来减少访问 DB 的次数，这也算是重复使用的一个例子。

4.2.4　汇总处理（集中、Piggyback）

这个策略适用于花费时间与次数成正比的情况。特别是对于那些多次执行会导致系统开销很大的处理，这一策略是很有效的。例如，仅是 I/O 的汇总写入写出，就有 DBMS 把相邻的数据块汇总写入、OS的 I/O 调度器把相邻的数据块汇总写入、存储把内部缓存的数据的相邻数据块汇总写入、DBMS 的日志文件的写出（图 4.6）等情况，不胜枚举。

这个汇总写入功能虽然成效显著，但是也可能成为生产环境和测试环境性能不同的原因。在测试环境中进行的测试，数据分布往往并不均衡，不会像生产环境那样分散。因此，在测试环境中能汇总写入，但到了生产环境中却不能汇总写入的情况也是存在的。

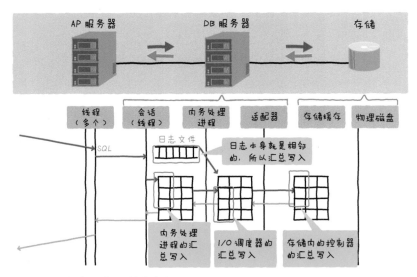

图 4.6 汇总写入（I/O 的集中）

下面举一个汇总处理的例子。比如前面提到的用循环来反复运行 insert 的程序（图 4.4），如果执行次数太多会带来问题，可以使用批处理一次性插入 DB，这样就能提高处理速度（图 4.7）。

此外，虽然"汇总处理"这个准则效果很好，但也请遵守"刚刚好"的准则。因为有时候过于汇总的话，会导致单次处理量太大，也会引发问题。

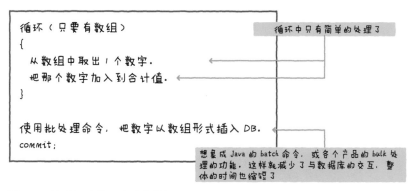

图 4.7 通过汇总处理来改善的例子

4.2.5 提高速度与实现并行

　　这两个都是重要的准则。以 CPU 为例，就是换成时钟频率更高的 CPU，或者换成核数更多的 CPU。希望读者注意的是，提高速度几乎是一个万能的解决方案，而实现并行则需要视情况而定。结合第 2 章中等待队列的机制来考虑应该很容易理解：即使增加了窗口数量，但如果没有人过来，速度也不会变快。换句话说，如果处理对象不是多个，也不必期待它会有什么效果。

　　除了 CPU 之外，如果使应用程序也实现并行，会怎么样呢？这样一来，CPU 应该就没有空闲的时间了。但是，应用程序本身能实现并行吗？如果是整个 OLTP 的话，应该没有问题，并行处理多个请求还是比较容易的。但是，像批处理这种本来是一个处理要分割成多个的情况，就需要具体问题具体分析了。比较困难的原因之一就是数据的更新（图 4.8）。在对数据进行更新和查询的时候，如果将数据并行处理，就会出现不一致的问题。似乎可以把这个任务交给 DB，但是 DB 也只允许同时只有一个人对一条数据进行更新。这样看来，实现并行并不是一个万能的方法。使用的时候请注意。

　　另外，关于实现并行还有一点需要注意，那就是是否施加了适当的负载。当存在多个资源的时候，如果没有施加合适的负载，也就没办法得到期待的性能效果。

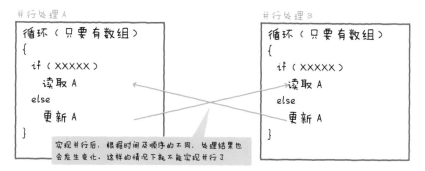

图 4.8　难以实现并行的例子

4.2.6 纵向扩展与横向扩展

这两个都是以服务器为单位的提升性能的方式。提升同一台服务器的性能就是"纵向扩展"（Scale Up）。添加 CPU、提高时钟频率等都属于纵向扩展。而"横向扩展"（Scale Out）则是通过添加其他服务器来提升性能的方式。

下面我们来试着思考一下哪些处理适合纵向扩展，哪些处理适合横向扩展。首先是 Web 服务器和 AP 服务器。由于它们的处理一般都是相互独立的，因此即使通过横向扩展的方式由不同的服务器进行处理，对系统的影响也很小。这些服务器就适合横向扩展。相反，如果各个处理互不独立，就适合纵向扩展的方式。这是因为很多时候"不独立 ≒ 从结果上来看统一处理的方式更快"。批处理服务器和 DB 服务器就适合纵向扩展的方式。此外，针对不适合横向扩展的处理，在工程师和供应商的努力下，横向扩展的软件也在逐渐增多（例如 Hadoop）。

4.2.7 局部性

在实际的系统中，很少会有数据被随机访问的情况，一般都会有偏重。这就称为"局部性"。为了充分利用局部性，使 IT 产品以最少的资源获得最大程度的性能提升，工程师们使用了各种办法。局部性一般可以分为"时间局部性""空间局部性"和"顺序局部性"这 3 种。

首先，时间局部性是指越是最近使用过的数据，被再次访问的概率越高（图 4.9a）。缓存就是使用这个特点的代表性例子。

空间局部性是指距离被使用的数据越近，就越有可能成为下一个要使用的数据（图 4.9b）。在读取的时候，把附近的数据也一起读取出来的机制利用的就是这种局部性。使用像数据块、页、区间（Extent）等各种块来处理的优势之一就是空间局部性。

顺序局部性是指使用过的数据的相邻数据也会被使用（图 4.9c）。"预读"这种 I/O 读取方式中就利用了这个特性。

在实际的系统中，局部性很大程度地提升了性能。而在测试环境中则很难达到这种效果。这是因为测试数据分布均匀，导致访问过于均匀，所以很难达到实际系统中的效果。

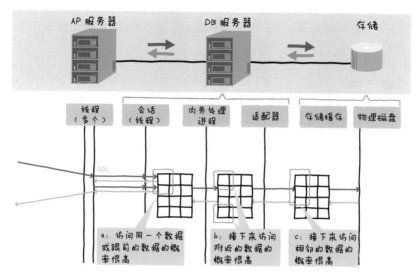

图 4.9　局部性的 3 种模式

 COLUMN

编译器会与 RDBMS 走上同一条道路吗？

编译器可以选择最优化（Optimize）的级别。其中有使用 Profiling 的模式。具体来说，就是把编译好的程序实际执行一下，追踪具体的使用频率，以便编译器进行优化。提到编译器，大家的印象就是基于一定的规则进行编译，不过现在的编译器并不一定会从相同的代码中编译出相同的结果。

大家不觉得这和 RDBMS 很像吗？以前的 RDBMS 都是基于规则来确定 SQL 的执行计划，但是现在各个公司都转为基于统计信息来进行成本计算。可能编译器也在走同样的道路。另外，一些 Java VM 也有相同的趋势。虽然进行这种最优化可以提升性能，但我们越来越难期待获得相同的性能了。

4.3 ‖ 现场可以使用的技巧

下面我们以前面介绍的准则为基础，来看一下在实际的开发现场中可以使用的调优技巧。

4.3.1 省略循环，减少投接球

假设我们进行性能分析后，发现问题在于循环的次数过多。换句话说，就是出现了 $O(n)$ 的情况。我们来考虑一下改善方法。按顺序来考虑，应该如图 4.10 所示。

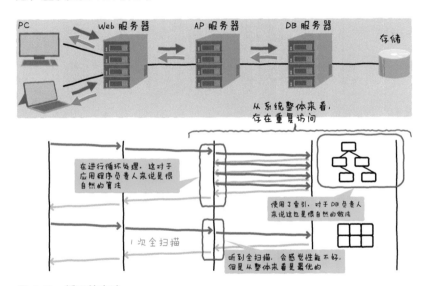

图 4.10　循环的省略

要领就是从包含 DB 在内的系统整体来考虑算法，思考最合适的调优方式。算法就是最快的办法了。但是，由于项目相关人员往往只在自己负责的范围内去思考算法，因此如图 4.10 上半部分所示，从系统整体来看，有时并没有把性能发挥出来。从整体最优的角度来考虑，图 4.10 下半部分所示的全扫描是最好的。

4.3.2 访问频率高的数据存放入键值存储或散列表中

所谓访问频率高指的是 $O(n)$ 的情况。访问频率本身有时不能降低。在这种情况下，可以考虑把每次的处理变得更快。这里会用到第 1 章中介绍的散列算法。复杂度是 $O(1)$。键值存储（Key-Value Store）也与此类似。

4.3.3 访问频率高的数据放在使用位置附近

这本身是"缓存"的思维方式。在 CPU 内部、DBMS、OS 等中都默认使用这一方式。不过有时候也会由系统工程师（System Engineer，SE）来安装这样的功能。例如，在 Web 网站中进行内容发布，可以大幅度提升用户的响应速度（图 4.11）。此外，频繁请求的 DB 内的数据，在读取过 1 次之后，就会存放在 AP 服务器上了。可以看到，在第 1 章中介绍的缓存的思维方式对于 SE 来说也是很有用的。

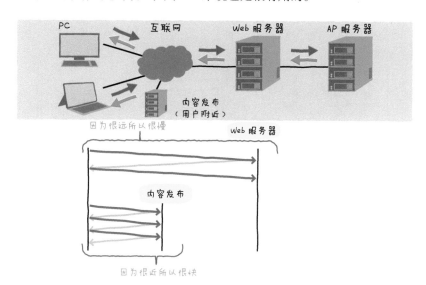

图 4.11　内容发布的思考方式

4.3.4 把同步变成异步

"同步处理"指的是在处理结束前一直等待的处理。之前介绍的处理基本上都是同步处理。例如，AP 服务器向 DB 服务器发送 SQL 请求后，会一直等待那个 SQL 处理结束。

而"异步处理"指的是不等待处理结束的处理，有时也会写作asynchronous 或 ASYNC。例如，AP 服务器向 DB 服务器发送 SQL 请求后，会继续发送其他的 SQL，或者执行其他的计算处理（图 4.12 上）。从这个例子中可以看出，异步处理可以用来对底层的资源发送足够的工作，也可以用来通过执行别的工作来缩短时间。一些 DBMS 和 OS 就是通过使用异步 I/O 的形式，使得即使有多个磁盘，也能有足够的负载（图 4.12 下）。

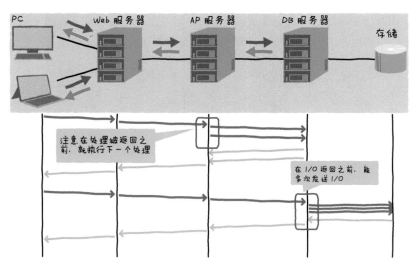

图 4.12　异步处理的示意图

在 Web 技术中有一个名为 Ajax 的技术，它就很好地利用了异步。Ajax是 Asynchronous JavaScript +XML 的缩写。用户在浏览器中输入的过程中，Ajax 可以在背后（异步地）和服务器进行通信，并显示信息和画面。

如上所述，异步处理可以加快响应速度。但是，异步处理需要实现确认处理是否已经结束的功能，在编码时还需要综合考虑各种状态，另外还要管理多个线程等，编码工作非常复杂，所以请不要轻易尝试。

有一个用来输出日志的 Java 工具类 Log4j，其默认的日志输出方式是同步。如果日志记录的次数很少，尚且不会出现问题，但是在输出大量日志的时候，则可能会出现问题。这种情况下可以使用其他异步日志记录的 Java 工具类。

◉ **消除缺点后的异步的发展形态**

异步的发展形态之一是"异步 + 顺序保证（Ordered）"。异步的缺陷主要有两点：一个是"发生故障时会导致处理丢失"，另一个是"发生故障时会导致数据失去一致性"（图 4.13）。

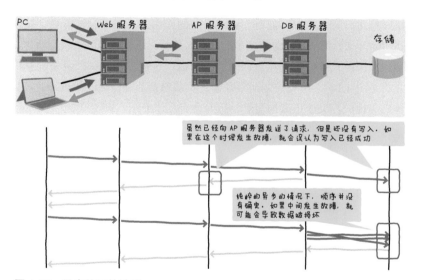

图 4.13　异步处理的缺陷

前者是异步的特性，我们也无计可施，但是后者难道就没有什么办法可以解决吗？如第 3 章中所述，在 WAN 环境下很难期待能够获得良好的响应。因此在 WAN 环境下，大多选择异步。例如，与防灾网站进行数据同步。防灾对策如何暂且不说，如果由于第 2 个缺陷导致数据损坏的话，那就没有任何意义了。仔细思考一下就可以知道，第 2 个缺陷是由于处理顺序被打乱而引起的。也就是说，如果能保证顺序的话，就不会发生问题了，这就是 Ordered。在与防灾网站进行数据同步时，以及服务器之间频繁进行数据交互时，经常会见到"异步 + 顺序保证"的身影。

4.3.5 带宽控制

在性能方面，"带宽控制"的思维方式是很重要的。笔者曾经在通信行业工作过，对其他行业并没有很好地进行带宽控制感到很震惊。在通信行业，为了不出现故障，限制请求是理所当然的。对于第 2 章中介绍的等待队列理论的图表（图 2.12）中最右边的状态，笔者深知其恐怖性。而在金融行业，如果限制请求，是会遭到投诉的。

可能是由于这种商业上的原因，在通信行业之外，很多系统都没有很好地进行带宽控制。但是，在互联网的作用下，很多时候信息会被瞬间传播开来，请求瞬间急速增多，而且这种情况越来越多，负载变动非常剧烈。因此，从性能的稳定性方面来考虑，带宽控制是必须具备的思维方式（图 4.14）。带宽控制通常是通过负载均衡器（Load Balancer，LB）等来实现的。关于负载均衡器，后面会有具体介绍。

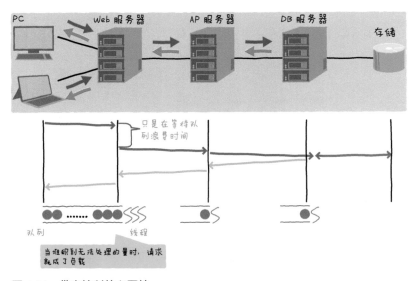

图 4.14　带宽控制的必要性

4.3.6 LRU 算法

LRU 是一种充分利用了前面提到的时间局部性的算法，被广泛使用于各种产品中。LRU 是 Least Recently Used 的缩写，意思是丢弃最近没有被使用的（从时间局部性来说，意味着之后最不可能被使用的）数据。而"最近是否被使用过"一般是通过生成链表结构来进行管理的。

LRU 算法被广泛应用于 DBMS、存储内部等有缓存的地方。一般来说这是个屡试不爽的方法，但它有个缺点，就是偶尔涌进大量数据时会导致缓存被污染。例如，在以批处理的方式进行数据更新时，那些只是偶尔使用的数据会一下子涌入缓存中，在这之后缓存上可能就会有不适合 OLTP 的数据。请注意这一点。

4.3.7 分割处理或者细化锁的粒度

我们介绍过锁是为了进行保护而实现的一种功能。实际上，在使用锁进行保护的时候，为了方便开发，经常会把它的前后也都用锁来进行保护。使用大粒度的锁能够让代码变得简洁。但是，在进行大量并行处理的时候，可能会出现问题。

以前，Linux 内核中有一个名为 BKL（Big Kernel Lock）的锁，该锁一度大肆活跃。碰上这个锁后，其他处理都会突然停止。而现在程序员在写应用程序代码的时候，都会尽量排除掉这个 BKL，替换为小粒度的锁。Java 中的 synchronized 就是一个很好的锁。但是，使用这个 synchronized 的话，有时并行处理的性能会下降。

在现实中的性能问题上，产品和 OS 内部的锁的存在也是不容忽视的。内部的锁是什么呢？比如，假设线程要修改产品中某个变量。几乎与此同时，别的线程也要修改它。因为这种情况会导致变量不一致，所以一般会使用锁来保护。这也是多线程编程的难点。在这种竞争的情况下，就需要实施减轻该部分的负载等对策。

4.3.8 使用不丢失的回写缓存

写入有时候是需要"保证"的。DB 的一部分写入（特别是日志），即使出现故障，一旦丢失也会很麻烦。因此，需要在提交后等待写入[①]。因为物理磁盘的 I/O 响应一般会很慢（几毫秒），所以在写入内存后就想结束 I/O。但是，即使出现故障，一旦丢失也会很麻烦。我们把这种内存称为"不丢失内存"。它对于提升 DBMS 的写入性能很有帮助。

4.3.9 使用多层缓存

我们不必选择用不用这个方法，可以说最近它已经变成了一个必选项。在现在这个时代，应用程序有缓存，DBMS 也有缓存，OS 也有缓存，存储也有缓存，磁盘也有缓存。缓存的种类数之不尽。即便如此，今后缓存应该还会不断增加，所以我们应该好好加以利用。不过，在使用缓存的时候，需要注意第 3 章中介绍的表面性能和实际性能的差别。

4.3.10 使用巨帧和高速网络

巨帧（Jumbo Frame）指的是数据包相关的技术，突破了以太网的 1 个包 1500 字节的限制。使用这个技术，可以一次性传送大量的数据，另外，由于包的数量减少，CPU 的使用量也能减少。1500 字节只是以前的标准，如今帧的大小增加也是可以理解的。

此外，最近在性能方面，高速网络的采用备受关注。这是一种在存储和服务器之间，或者在服务器和服务器之间通过高速网络进行连接的技术。按以前的观点，原则上是不允许这样的通信进行的。但是，通过高速网络来连接的方案是不可避免（或者说是不用避免）的。

---

① 有些 DBMS 可以设置为不等待写入。但是那样的话，就不能保证事务的正常结束。

4.3.11 负载均衡、轮询

横向扩展的情况下，存在多台服务器。从等待队列理论来看，最重要的就是不要让它们闲置。那么我们应该选择什么样的方法呢？我们把分配的工作称为"负载均衡"（Load Balance），执行这个负载均衡工作的机器称为"负载均衡器"（LB）。负载均衡器中比较有名的有 F5 的 BIG-IP。

首先，基本上都会使用"轮询"（Round Robin）这个方法。具体来说，就是通过均匀分配请求，让资源被充分利用起来，从而使性能得到提升。此外，还有将请求优先分配到负载低的服务器的方法，即找出连接数少或负载低的服务器，向其分配任务（图 4.15）。

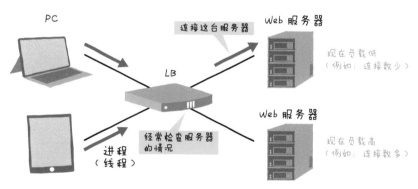

图 4.15　负载均衡的示意图

此外，负载均衡也可以用来限制负载。这就变成了带宽控制。在网站停止运行或超负载的时候，把访问分配到 Sorry 服务器，显示"请稍候"这样的文字，或让 LB 自己返回"请稍候"的信息。关于这种带宽控制，如果可能的话，请确认一下在超负载的时候是否能像期待中的那样运转、是否会让系统处于太过空闲的状态、是否会在合适的时机启动以使系统不会完全停止工作。

不过，在现实的系统中，加入了 LB 后会有各种影响。比如在哪里进行 SSL 的处理（在 LB 进行还是在其他地方进行）、有多个数据中心的时候把 LB 放在哪里……虽然这些都是网络工程师考虑的内容，但是在云计算环境下，会对性能有更大的影响，因此考虑这些是很重要的。基本上，在设计的时候既要满足 SSL 等的需求，还要尽量简洁，以减少跨越 WAN 的情况。关于这个问题，详细内容请参见第 7 章。

4.3.12 关联性、绑定、粘滞会话

从等待队列的思维方式来看，简单的轮询没什么问题，但实际上，从局部性的角度来看，轮询则可能会带来反效果。因为访问同一个数据的可能性很高，那样的话，让同一个"负责人"（窗口）来处理往往性能会更好。优先考虑局部性的时候，可以使用名为"关联性"（Affinity，关联起来、限定的意思）的技术。有些时候也称为"绑定"（Bind，建立联系）。

最近的多核 CPU 都使用了名为 NUMA（Non-Uniform Memory Access）的技术。具体来说，就是把 CPU 和内存关联起来，从 CPU 看来存在离它近的内存和离它远的内存（图 4.16）。该技术也是由于存在局部性而被使用的。为了更有效地使用 NUMA，可以让软件意识到这个 NUMA 架构。例如，如果让一个进程一直运行在同一个 CPU 核上，性能就会提升。

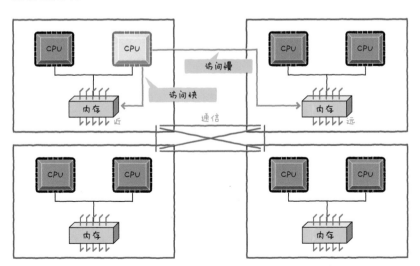

图 4.16 NUMA 的示意图

此外，由于关联性或硬件中断，可能会导致仅一部分 CPU 的负载上升。在这种情况下，使用 vmstat 也不能了解具体情况，可以用 mpstat 来调查各个 CPU 的情况。

Web 会话中，不只是为了关联性，考虑到数据的更新等，也需要在同一个服务器上持续进行处理。LB 上称之为"粘滞会话"（Sticky Session）。从 cookie 信息和 IP 地址信息等判断是同一个会话，就发送到同一个服务器来处理（图 4.17）。

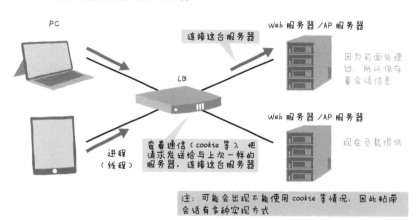

图 4.17　负载均衡的示意图（粘滞会话）

4.3.13　写时复制

"写时复制"（Copy On Write）是一个在必要时生成实体的方法。例如，在 OS 生成进程的时候，会执行进程的复制，但在刚开始时几乎不会复制实体，而是在实际修改的时候才复制（图 4.18 左下）。这个方法的优点就是复制的速度快。原因就在于没有复制实体。此外，还有一个优点是不会重复产生相同的数据。

除 OS 之外，存储和文件系统等也经常使用写时复制技术。比如，需要在存储上生成备份时，就会使用这个技术（图 4.18）。正如"快照""写时复制"这些名称所描述的那样，能够一下子完成备份。

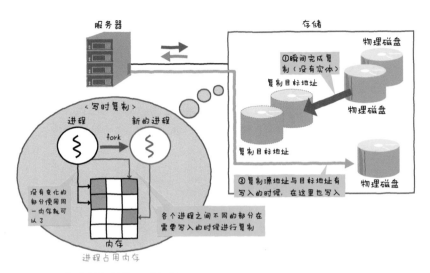

图 4.18　与存储相关的写时复制

4.3.14　日志

　　"日志"（Journal，Log）是类似于第 1 章中介绍的队列（FIFO）那样的机制，其基本作用就是记录。通过日志来记录的优点在于容错性及性能。可能有人会认为"另行记录在性能上不可能有优点"，但是这里希望大家能想到汇总写入所带来的性能优势。

　　RDBMS 在很久之前就已经实现了汇总写入日志的功能（图 4.19）。此外，只要保证了日志功能正常，就可以在必要的时候恢复数据。只要保证了日志功能，之后的数据写入也就可以慢慢进行了，所以从这点来看，性能方面有很大的优势。因此，在存储、文件系统、DBMS 等中经常使用名为"预写式日志"（Write Ahead Logging）的方法。

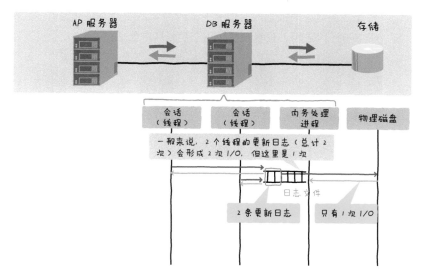

图 4.19 DMBS 的更新日志的 I/O 汇总

4.3.15 压缩

在不久之前，"压缩"曾是消费 CPU 资源的大户。而之所以进行压缩，主要是由于存储的空间不够。但是，最近随着情况的变化，也开始把执行压缩作为提升性能的一种方法。执行压缩后，文件变小，传输大量数据的速度变快，与 CPU 的压缩、解压相比，在所需时间上还是有很大优势的。

4.3.16 乐观锁

虽然锁是一个必不可少的机制，但很多时候即使不那么严格，实际上也不会出现问题。有时到了最后才意识到冲突："啊，原来有问题啊，回滚吧！"采取这样的处理方式也未尝不可。我们把这样的处理方式称为"乐观锁"（图 4.20）。实现乐观锁的方法主要有时间戳（Timestamp）、版本计数（Version Count）、状态比较等。而普通的锁我们也称之为"悲观锁"。

另外，在锁竞争很激烈的情况下，因为乐观锁会导致出现很多的回滚，所以不推荐采用。乐观锁更适用于更新频率低的情况。

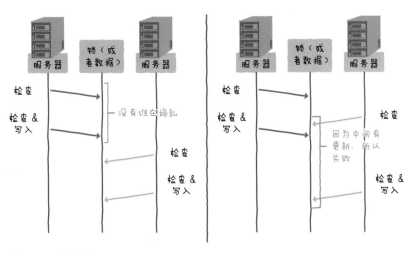

图 4.20 乐观锁

4.3.17 列式数据库

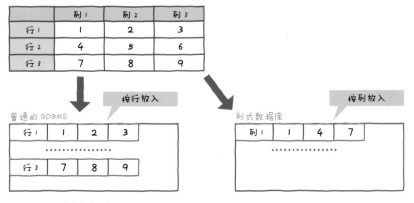

图 4.21 列式数据库

"列式数据库"（Columnar Database）是指最近备受关注的被称为

"面向列"的 DBMS。这个产品的优势是对表的列方向的统计和扫描速度很快。关于这一点，看一下其基本架构就能马上明白了。以前的 RDBMS 是将数据一行一行地放入数据块，而这个方法是将数据一列一列地放入数据块（图 4.21）。当数据仓库等需要对特定列进行统计的时候，使用列式数据库处理速度会很快。

4.3.18 服务器的性能设置中, 初始值 = 最大值?

各位对于服务器的期望一定是"能够稳定运行"吧。因此，在客户端 PC 上适用的功能中，有一些并不适用于服务器，那就是灵活性相关的功能。先以少量资源启动，不足的话就增加资源，一直增加到最大值，这样的设置项是非常普遍的。但是，在对资源进行增减的时候，可能引起性能变差。例如，虚拟机（VM）上内存不足的话，可能就会从别的虚拟机那里抢夺。这个时候，性能会暂时变差。此外，AP 服务器上的连接池的 DB 会话数也可选择可变形式。但是，增减会话数时也可能会引起性能变差。这样的话，一开始就设置为最大值就好了。像这样，将服务器向"安全方向"设置也是一个方法。

不过，同样是内存管理功能，有一些功能系统开销较小，应在服务器上加以使用。不过这些功能很难辨别出来。例如，Oracle 的 pga_aggregate_target 在管理内存时几乎没有系统开销，对服务器来说有很好的效果。而至于哪个功能的系统开销小，工程师只能通过不断学习来掌握。

4.4 ‖ 实际业务中碰到的性能问题

下面我们将使用之前提到的技术，继续介绍一些性能相关的内容，大家也可以称之为小贴士。

4.4.1 性能比较的参考数据

被称为 SPECint 的数据是面向公众公开的。这是一个测试 CPU 在整数运算方面有怎样的性能的结果集。使用这个结果集，就能把某个 CPU 与其他 CPU 的性能进行比较。在服务器迁移等情况下，也可以作为确定 CPU 个数（Sizing，估算）时的参考。一般来说，估算的时候使用样本程序来测量比较合适，但经常没办法做到这一点，很多时候都通过现有服务器的资源使用量（第 2 章介绍的 CPU 使用率的数据和 SPECint）来计算。当然，估算值偶尔会有偏差。

关于 CPU、同时访问用户等的估算方法会在第 5 章介绍，这里大家只需要知道一般会使用 SPECint 这种方法就可以了。还有一种名为"TPC 基准"的性能数据，但笔者还没有在实际开发现场看到过用它来计算的。

4.4.2 缓存命中率并不一定要高

缓存命中率并不是在任何时候都很高。原因在于，正如第 1 章中介绍的那样，虽然会尽量让经常使用的数据保留在缓存中，但在批处理等的时候，有时也会读取平常用不到的数据（图 4.22）。在这种情况下，就不能期待高的缓存命中率。

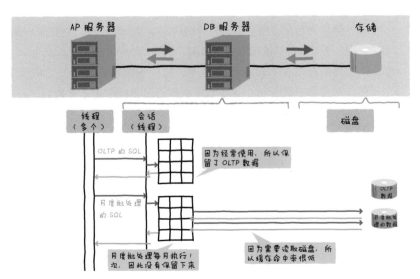

图 4.22 缓存命中率不一定高

有时候供应商会给出一个缓存命中率的基准值。因此，偶尔会把缓存命中率当作一个指标来进行监控，请大家了解存在这种可能性。在进行性能分析的时候，不要轻易下结论："因为缓存命中率低，所以不行。"而应该结合业务，好好考虑一下缓存命中率是否合适。

4.4.3 存储的调优方针

现在存储调优的最佳方法就是使 IOPS 分散开来。类似于轮询的样子。以前，以 DB 服务器为中心，在设计时会采用按磁盘的用途进行细分的方法，而最近把 IOPS 当作重点来设计的做法已成为主流。大型存储的情况下，存储负责人在设计的时候会将 IOPS 分散开来（如前所述，这是从 OS 看到的磁盘情况与虚拟磁盘不一致的一个原因）。不光是存储，也有在 DBMS 和 OS 级别进行分散的情况。

4.4.4 虽然容量足够，但还是添加磁盘

有这样一个原则：最终写入是不能依靠缓存的。好好体会一下会觉得理所当然，但是在开发现场，这条原则却常常被遗忘。计算机的世界中大量使用了缓存，并且前面提到的能保障写入的缓存内存也在增加，于是越来越多的人认为可以把写入也交给缓存内存。的确，交给缓存内存的话短时间内会被保存下来，但是数据最终还是必须保存到写入的目标地址。说起来写入缓存就好像是一个大坝，那里的 IOPS 的极限是不会发生变化的（图 4.23）。

如果写入负担长时间超过这个 IOPS 极限，缓存就会承受不了，不论是怎样的产品，都会在突然之间性能下降[1]，并且下降程度会很大。这个时候就体现出了在各个层级观察性能的必要性。另外，像汇总写入这种减少 IOPS 的机制（例如：I/O 调度器）多多少少有一点功效，所以很难预测极限值。说到底只能用与生产环境接近的数据来进行测试。

---

[1] SSD 写入 IOPS 的性能很高，所以能减少这样的烦恼。

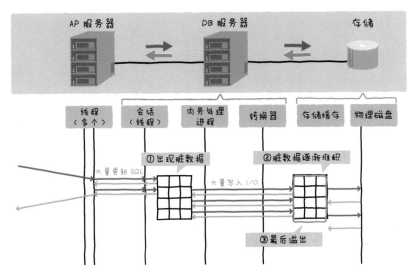

图 4.23　写入缓存就像一个大坝

4.4.5　从性能角度看文件分割

　　如前所述，文件数多了后，就需要管理空间来管理这些文件，工作量也会增加。那么，减少文件数就万事大吉了吗？并非如此。比如 DB 的文件。实际上文件数变少后，可能会出现问题。第 1 章中介绍的锁其实也存在于文件中。在大规模系统中，当大量读取集中时，可能就会引起性能的迟延。这是为了防止一个文件在进行写入时数据被损坏[1]（图 4.24）。正如 4.2 节中介绍的那样，"刚刚好"是很重要的。

---

[1]　这是文件单位的锁，由 OS 管理。此外，如果是应用程序自己管理的话，可以去除掉这个锁。

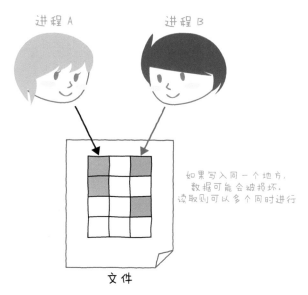

进程 A

进程 B

如果写入同一个地方,
数据可能会被损坏,
读取则可以多个同时进行

文件

图 4.24　文件单位的锁

4.4.6　90 百分位

在开发现场进行性能相关的工作时,可能会碰到"90 百分位值"这个术语。这是一个统计学领域的术语,意思是在 100 个数据中排第 90 位。就响应来说,就是从最快的那个开始数起,排在第 90 位的值。在性能数据中,不管怎样都会出现异常值。其原因多种多样。将这些极少数的数值排除在外,比如"只要 90% 的数值在目标时间范围内就行了"。另外,对于异常值明显会引发问题的情况(例如:90% 是 10 毫秒,其他的 10% 花费了 10 秒),请妥善处理。

4.4.7　读取与写入的比例

在实际的系统中,读取频率和更新频率是有差异的。虽然根据系统的不同不能一概而论,但是通常情况下,读取的执行次数要远远多于更新的执行次数。就笔者见过的 DBMS 来说,一般读取和更新的比例是

9：1，或者读取的比例更高。即使是有很多更新的系统，由于在处理前都会执行读取，因此读取也很多。在进行各种设计的时候，请一定要意识到读取较多这种实际情况。

4.5 || 调优的例子

接着，作为第 4 章的总结，我们来介绍一下实际的性能调优的例子（应用程序、基础设施）。另外，基于安全方面的考虑，每个例子中都会混入一些其他的话题。这一点请事先知晓。

4.5.1 例 1：2 层循环中 select 语句的执行

首先是常见的 2 层循环中 select 语句的执行（图 4.25）。假设变量 M 与表 m 对应，变量 N 与表 n 对应；表 m 中大约有 100 万条数据，表 n 中有 1000 条数据；每行大约 50 字节。在调优前，大致预估一下处理时间。假设每个 SQL 为 3 毫秒，那么需要花费 $m \times n \times 3$ 毫秒 =300 万秒，这当然是不能接受的。这样的处理，即使在开发时数据只有 100 条或 10 条，响应时间也是不好不坏的。

对此，我们做了 3 个调优方案。

第 1 个方案（A 方案）是把对 DB 的请求变为 1 个。这个方案是基于 "本来就不需要这么多请求" 的考虑。使用汇总后的数据，在循环中进行处理（图 4.26）。

第 2 个方案（B 方案）就是把表 n 和表 m 的内容拿到应用程序这里，将其散列化或保存到 KVS 服务中。然后，再在循环中处理（图 4.27）。

第 3 个方案（C 方案）是一个折中方案，以 1000 条数据为单位来获取数据（图 4.28）。

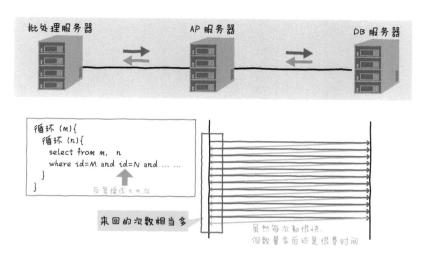

图 4.25 2 层循环中 SQL 语句的执行

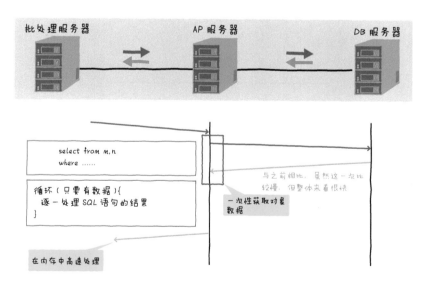

图 4.26 A 方案：在循环内处理汇总后的数据

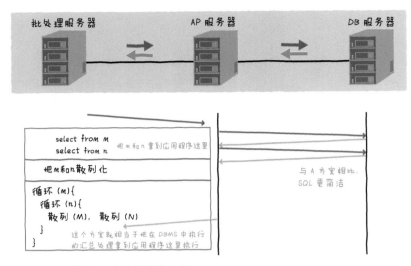

图 4.27　B 方案：A 方案的改进方案

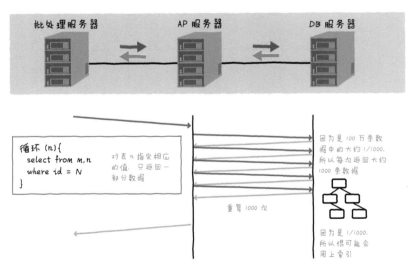

图 4.28　C 方案：B 方案的改进方案

　　A 方案就是普通的调优。由于要接收 1 GB 左右的汇总数据，考虑到是批处理程序，这个时间应该还是在允许范围内的。

B 方案的重点是在应用程序这里进行处理。在执行完这个处理后，如果能使用这些数据迅速完成处理，那么把数据放在应用程序这里还是很有效的。实际上，笔者就曾将每次都要进行 DB 访问的批处理进行分解，理解其整体的关键点，在可行的部分使用了这种方式。

C 方案中，虽然查找结果是 1000 条数据，很简单，但如果考虑到处理对象是数据全体，估计也不会采用这个方案。因为这样一来，SQL 就相当于从 100 万条数据中查找 1000 条数据的处理。这也就意味着要使用索引。但是，终究是要反复 1000 次，最后还是让所有数据都成为了处理对象。可以想到某些地方存在着无谓的消耗。当然，如果有别的原因，这个方式也是可以采用的。

4.5.2 例 2：偶尔出现性能下降

假设某个 DB 服务器偶尔会出现 I/O 响应变差，需要等待释放锁的现象。调查原因后发现，脏数据块增加，虽然暂时能稳定运行，但一旦在某个时间执行了需要大量空闲内存的应用程序，脏数据块就会一下子被写入。假设就在那个时候发生了 I/O 延迟和锁等待（图 4.29）。在 DB 服务器、OS 服务器、存储内部，也会发生这个现象。另外，I/O 性能不足并不是经常性的，而只是在某个特定的时间发生的。

第 1 个方案是出于"无论何时下面的层级都应该能承受一定的负载"的考虑。换句话说，就是给存储增加磁盘（图 4.30 右）。由于很有可能 IOPS 不够，因此用上 SSD 的话效果应该也很明显。但是，这个方案很可能不被通过，因为太花钱了。

第 2 个方案就是阻止需要大量空闲内存的应用程序（图 4.30）。的确，这个方法很有效，也能很快实施。此外，从平时就注意完善功能这一点来看，这个方法也是值得推荐的。不过，别的应用程序可能也会执行同样的操作，所以还是不能一劳永逸。

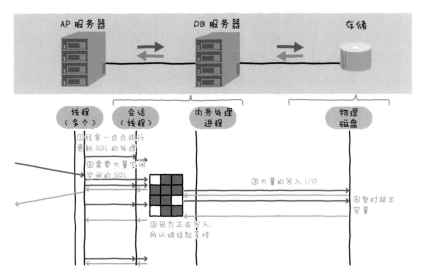

图 4.29 偶尔出现性能下降

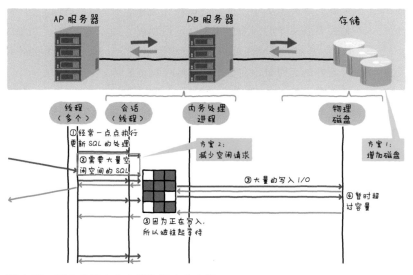

图 4.30 例 2 的第 1 个方案和第 2 个方案

第 3 个方案就是事先把脏数据块控制在最小范围内（图 4.31）。具体方法因产品而异，比如通过参数来限制脏数据块的量，或者定期执行维护命令来将其写出，等等。只要经常减少脏数据块的量，应该就能防止问题的发生。关键在于，I/O 性能并非经常不好，而是经常在一点一点地写入。

打个比方，这就像是从一个肥胖的身体变成一个结实健康的身体。即使被施加负载，也能灵敏应对。用前面的话说，就是使其处于一个不带有过多资源的状态。

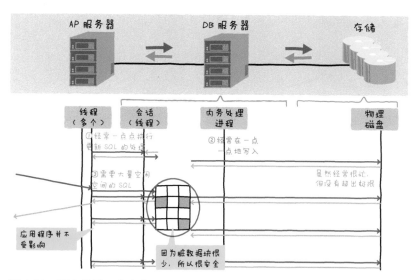

图 4.31 例 2 的第 3 个方案

⫼ COLUMN

等待队列的前面发生了什么？

有一本书叫《在大堵车的前面发生了什么？》（宝岛社，ISBN9784796658430），说的是普通的堵车的情况下，前面的车并不是行驶缓慢，而是像往常一样在行驶。虽说如此，在通过隧道或上坡时，车速的确会变慢一点，这样积累到一起，后面的车就要等很长时间了。换句话说，就是出现本书中提到的等待队列。

　　在这种堵车的情况下，重要的是在不再堵车的瞬间，如何尽快跟上前面的车，这样就可以在一定程度上减少延迟。笔者平时就会遵守这个原则，在不再堵车的瞬间尽量干脆利落地把车开走。

　　这个原则也能应用到计算机系统上。其实，自然的堵车（瓶颈）的情况下，前面并不是在等待，而通常是正在进行处理的。而提高其处理速度是很重要的，这就相当于干脆利落地把车开走。正如本书中反复说明的那样，在分析的时候，观察队列和线程，就能推测出哪里出现了堵车，这个堵车的头部在哪里（图 A）。

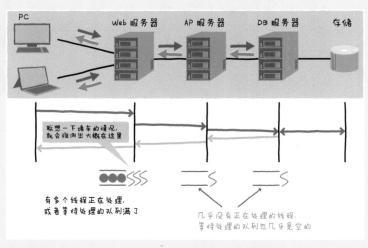

图 A　找出等待队列和堵车头部的方法

第 5 章

性能测试

5.1 ‖ 性能测试的概要

在处理性能问题方面，调优是主角。如果能进行性能调优，那就可以认为有能力解决性能问题。而具备这种能力的人才，也通常被认为是解决性能问题的专家。

在进行调优的时候，"性能测试"是不可或缺的。要让调优顺利进行下去，最重要的工作就是通过测试来验证。不过，如果将调优结果直接在生产环境中验证，会有一定风险，因此通常是在验证环境中获得性能测试的结果，来验证调优的成果。在通往调优专家或性能专家的道路上，性能测试可以说是最重要的要素。

本章中会介绍为了使系统性能达到目标，作为调优和性能专家所必备的性能测试的相关知识。

5.1.1 项目工程中的性能测试

普通的系统开发项目工程，粗略划分的话如图 5.1 所示。蓝色字部分就是与性能测试相关的任务。

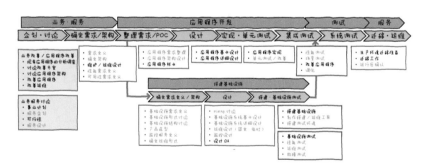

图 5.1　系统搭建的一般流程

其中，性能测试实际上主要在系统测试阶段执行。这是因为性能测试原则上是为了确认"系统在生产环境中运行时是否会有性能上的问题"，所以它是在完成集成测试后，确认系统能在生产环境中正常运行之后的阶段执行的。

即便如此，如果认为在进入系统测试阶段之前不需要考虑性能测试，那就错了。本章将为大家介绍项目的各个工程阶段必须考虑的事情和任务，以及如何有效地进行性能测试。

5.1.2 不同职责的性能测试相关人员

本章涉及的人群如下图所示。该图也反映了由于每个人职责不同，对性能测试的态度也不同。不过，如果能够对自己负责范围外的工作有所了解，知道自己的工作属于哪一类，则有利于促进项目内部顺利沟通。因此，作为参考，请各位读者了解一下。

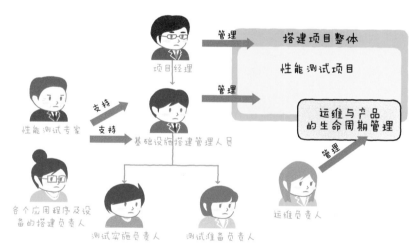

图 5.2 不同职责的性能测试相关人员

◉ 第一次被委托进行性能测试的人员

第一次被上司、经理或客户委托进行性能测试，需要重点注意哪些方面呢？该按怎样的顺序执行呢？可以直接借鉴老员工或现有项目中的性能测试的做法吗？第一次接触性能测试的人可能都会有这样的疑

问。希望本书能为这些人指明方向。

◉项目经理

在运营项目的过程中，系统的性能问题想必尤其让项目经理（PM）感到头疼。有经验的项目经理一定知道，即使使用容量充足的硬件和已经验证过的应用程序，也有可能在意想不到的地方隐藏着性能问题的陷阱。本书不仅会介绍性能测试的方法，也会介绍在整个项目工程中应该如何运营调整，以保证系统性能。

◉基础设施设计负责人

基础设施设计和应用程序设计在不同的流程中实施，很多情况下，基础设施会先于应用程序发布。在应用程序的细节还未确定的时候，基础设施设计负责人可能就会被问到"这个基础设施的架构能充分发挥性能吗"之类的问题。另外，流量控制和容量管理等与应用程序密切相关的部分也需要基础设施设计负责人来设计，这是很辛苦的。而如何对基础设施本身进行性能评估，这一点也是令人苦恼的地方。针对这些问题，如果能积极地提出方案或建议，比如在项目整体工程中，需要别的负责人提供哪些信息、确定哪些内容等，自己的任务也会顺利地进行下去。对此，本书中也提供了一些方法供参考。

◉基础设施运维负责人

基础设施运维负责人的任务是，拿到验证过的系统后，把系统部署到生产环境中运行。如果在运行过程中出现故障，发现存在性能问题，那么运维负责人就要参与并协助进行费力的调查分析工作。这个是非常规工作，为了尽量避免，就需要在接收系统之前进行完备的检查。本书将告诉读者，在进行检查的时候，应该对项目方作何要求、如何要求，以及如何恰当地进行性能检查。

◉应用程序设计负责人

应用程序设计负责人一般不会考虑系统整体的性能，而是满脑子考虑如何使用新的框架和中间件来实现需要的业务和功能。虽然这一点的确很重要，但是如果之后出现了性能问题，比如在几乎忘记这个系统的相关内容的时候，甚至就需要重新进行系统设计。
这是完全可以预见到的风险。为了避免这样的风险，本书将会介绍如何基于项目整体来确保应用程序的性能，以及为了充分保证性能，而不仅仅是完成需要的功能，应用程序设计负责人应该进行哪些工作。

◉性能测试负责人

性能测试负责人中可能有人之前已经参与过一些性能测试，应该能从这些经验中了解到为了顺利进行性能测试，不光要靠测试的技能，其周边相关领域的理解与协助，以及项目工程前期阶段的准备与条件的整理也是很重要的。本书中对此进行了归纳总结，以系统、简明地介绍给大家。

◉发包方

作为系统的发包方，可以说只要能拿到一套按预期运行的稳定的系统就足够了。但是在"按预期运行""稳定"这些基准上，系统存在难点。保证 10 个人同时使用的系统与保证 1000 个人同时使用的系统的开发费用和时间是完全不同的。另外，即使实际上
是 10 个人在同时使用，根据这 10 个人的操作的不同，需要的服务器规格也不同。甚至有时必要的性能需求不明确，只完成了明确规定的验证工作就交接、验收，就可能在实际使用的时候才意识到有问题。

开发者说到底也只是按照合同制作符合规定的产品，因此如果之后提出"想要再这样改一下"等要求，由于涉及需求变更，就需要支付额外的费用。因此，作为发包方，最好能把这些性能目标明确体现在需求

中，把握好应该验证哪些方面。对此，本书中也会提出一些性能验证的
参考意见。

5.2 ‖ 常见的失败情况：9 种反面模式

　　为了让大家对性能测试的重要性和广泛性有更好的理解，接下来我
们来介绍一下系统的性能问题、性能测试中常见的失败情况及其原因和
背景，也就是所谓的反面模式。根据笔者的经验，现实中很多性能测试
现场都发生过这些问题。

5.2.1 不能在期限内完成

　　在制作应用程序的过程中第一次执行性能测试时，这是种比较常见
的模式。即使你期待着在系统测试阶段仪式性地做一下性能测试，然后
就这样告一段落，也还是有可能发生诸多状况，比如执行完性能测试后
性能完全达不到要求，或者发生了意料之外的性能方面的故障，于是被
迫解析、调优，重新进行测试，甚至有些情况下需要重新设计等，致使
原本已经临近的发布日期延迟。

　　像这样，之所以后期工程中隐藏着性能问题，原因有如下几点。

- 只有在生产环境中才会出现
- 问题的显现需要很多条件（环境、数据、负载生成）
- 因为特定的操作才导致发生性能问题

　　基于以上原因，笔者一般会告诉客户至少为系统测试中的性能测试
留出 1 个月的时间。笔者认为，即使是认真地进行了准备、规划的项
目，也需要这么久的时间。虽说在项目的收尾阶段很难保证这样长的时
间来做性能测试，但如果不事先确保这么久的时间，非但不能完成完整
的性能测试，更有可能因为没有达到预期的性能目标而被迫修改日程
等，对自己的业务产生不良影响。

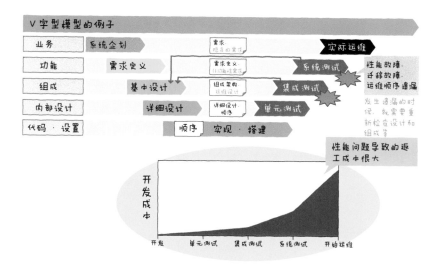

图 5.3　常见的失败① "不能在期限内完成"

5.2.2 性能很差! 解决不了性能问题

　　如果执行性能测试后发生了性能问题，那该怎么办呢？首先，调查导致性能变差的原因。虽说如此，但可以怀疑的地方却有很多。比如网络、负载均衡器、Web 服务器、AP 服务器、开发应用程序的方式、数据库、存储、与其他系统有数据关联的部分、数据大小、SQL 等。

　　为了详细调查这些因素，就需要各个模块的专业知识。此外，对横跨多个领域的性能问题进行排查的时候，如果不能综合多个领域来考虑，负责人就只会一直说 "我负责的那部分没有问题"，导致问题无法解决。此外，即使汇集了有专业知识的员工及体制，若没有采用正确的验证和分析方法，非但会使效率变差，有时甚至会让调查朝着错误的方向进行，最终也就找不到答案了。于是，我们就会陷入这样一种状态：虽然知道性能很差，但却无法查明原因，问题始终得不到解决。

　　特别是最近几年 Web 系统中模块的层级愈加复杂，问题越来越难排查，需要的专业知识范围越来越广，于是我们就越来越容易陷入这种状态。

难以解释（主要原因是
开发能力不足）

性能不足

开发的程序不能满足性能需求
- 占用大量 CPU 的程序
- 内存消耗大
- 在与别的系统交互时响应延迟，甚至出现超时
- 性能差的 SQL 等

难以把握（主要原因是管理流程
不完善）

性能不正常

开发过程中不能把握性能状况，
发生问题时难以解释
- 并发操作、连续处理中序列超时时的程序错误
- 高负载时中应执行的异常处理没有正确运行
- 系统内部资源管理不正常
- 只在生产环境架构下发生的现象
  （受 CPU 数量、内存大小等影响）

人才不足（主要是体制
原因或计划不健全）

人员方面的问题

问题的处理需要有高水
平的知识和技巧
- DB、中间件、应用程序、OS、VM、语言规范、网络等
- 设计、实现的负责人缺少性能相关的知识
- 伴随着多供应商、复杂的系统合作和大幅度的系统变更
  而进行的压力测试，也需要项目管理能力

图 5.4　常见的失败② "性能很差！解决不了性能问题"

5.2.3　由于没有考虑到环境差异而导致发生问题

　　有时进行了性能测试，也确认了系统性能能够满足生产环境的要求，结果顺利发布后，却发现在生产环境中并没有获得预期的性能。这种情况下可能就会被追究责任，被追问性能测试的相关内容，比如 "真的做了性能测试吗" "为什么会出现性能问题" 等。特别是如果在生产环境中运行的时候发生问题，比如系统停止工作，或者是出现故障，那么就会对业务产生影响，有时甚至还会导致金钱上的损失，所以必须防止这种情况的发生。

　　至于为什么会出现此类问题，大家在调查原因时很容易忽视一点，那就是测试环境与生产环境之间的差异。比如，硬件和使用的基础软件的类型的差异、磁盘延迟的差异、网络延迟的差异等。除了以上容易想到的形式上的差异之外，在生产环境中，由于内存量很大，因此有可能导致软件内存管理模块的开销也很大。另外，因为 CPU 核数很多，所以有可能导致多线程管理的开销也会变大。像这样，乍一看性能应该会

提升，但实际上反而拖了后腿的情况也时有发生。

在无法准备和生产环境一样的性能测试环境的情况下，或者无法使用生产环境进行性能测试的情况下，当然就会有失败的风险。可能的话，在报价阶段就把准备与生产环境一样的测试环境的费用也一起考虑进去，或者准备好在生产环境中运行后出现问题的情况下可以立即切换回老系统的功能，也能让性能故障的损失降低到最小程度。

5.2.4 压力场景设计不完备导致发生问题

在性能测试时完全达到了期望中的性能，但在同样结构的生产环境中实际运行时，即使是同样的处理数量，性能也很差，这样的情况时有发生。在这种情况下，重要的是首先确认执行了怎样的性能测试。常见的有以下几种情况。

- 实际上有多个种类的页面操作，但是测试中只执行了单一的页面操作，漏掉了更复杂的处理
- 测试时和实际运行时访问登录、查找页面等负载较大的页面的比例有差异
- 用户的停留时间超过测试时的预估，在多个页面之间迁移，这些迁移信息累积在会话中，导致使用的内存也超出预估

5.2.5 没有考虑到缓冲、缓存的使用而导致发生问题

性能测试时性能很好，但是在生产环境中性能却很差，这种情况下就需要注意系统的缓冲和缓存的使用状态。

如果多次访问同一个页面，那么与该页面相关的缓存就会保存在 LB、Web 服务器、AP 服务器的缓存或数据缓存，或者 DB 的缓冲缓存等中，响应速度就会变快。速度变快就证明可以按照预期的那样使用功能，性能也就没有问题。但无论如何，测试时与实际运行时的缓存使用量都会出现差别。

以下是几种比较常见的情况。

- 测试时只访问了同种类型的页面
- 只使用了同一用户 ID 来访问
- 只访问了相同的查找对象（商品名称等）
- 查找时只使用了相同的过滤条件

以上这些情况下，在性能测试的时候，利用缓存能够最快地返回响应，所以性能很好，也能以很低的资源负载来完成处理。但是，真正在实际生产环境中运行的时候，就会出现各种各样的处理和访问，缓存使用率就不像测试时那样高，也就变成了慢响应和高负载的模式。

为了防止出现这样的情况，就需要在测试的时候预估好实际运行时的缓存命中率，并动态变更请求等。

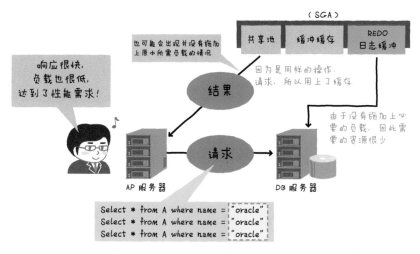

图 5.5　常见的失败⑤ "没有考虑到缓冲、缓存的使用而导致发生问题"

5.2.6 没有考虑到思考时间而导致发生问题

在性能测试时获得了很好的结果，但在生产环境中，即使施加了同样的处理负载，却还是达到了系统的性能极限，这种情况下我们能想到的另外一个原因就是压力测试场景的"思考时间"（Think Time）。这一点很容易被忽视，但却很常见。

思考时间指的是使用系统的用户的思考时间的预估值。用户会连续进行很多个处理，比如，打开页面后，进行登录→选择菜单→输入搜索关键字→从列表中选择条目→填写表单等操作，各个步骤之间的跳转并不是一瞬间完成的，用户在阅读或者填写时都会花费一定的时间（从几秒钟到几分钟）。预想到实际的使用状态，正确地预算好时间来设计压力场景，或者只是单纯地使用测试工具在前一个处理完成后就立即发出下一个请求，这两种做法对系统的负载是有差异的。

对于服务器来说，即使在相同的吞吐（访问处理数／秒）状态下，也会由于思考时间的有无所造成的差异，导致 HTTP 并发连接数以及应用程序的会话保持数产生很大的不同。每秒访问处理数相同但思考时间不一样的情况下，思考时间越长，在系统上同时滞留的用户数和会话数也会越多。这就导致系统的内存和会话管理的压力出现差异。因此，在考虑压力场景时，如果没有把真实用户的思考时间纳入考量，那么这个性能测试就脱离了生产环境。

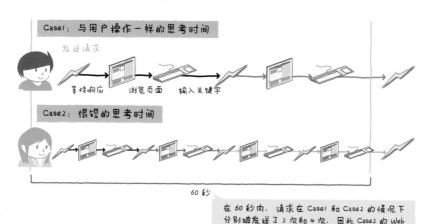

图 5.6　常见的失败⑥ "没有考虑到思考时间而导致发生问题"

5.2.7 报告内容难以理解导致客户不能认同

向客户报告性能测试结果与普通测试结果的情况是不一样的。普通测试的情况下，只要能按照事先设计的那样来运行，就是合格。也就是说，如果使用○ × 来判断，那么只要全部项目都是○，就能得到客户的认同。

性能测试则不是通过○ × 来判定，而是通过数字来评价的。如果只是简单地拿一个数字作为指标，达到这个指标就算合格，那么向客户报告说"响应时间在 3 秒以内""达到了每秒处理 1000 条的要求"等，有时也可以获得客户的认可。但实际上并没有这么简单，例如：

"每秒处理条数是 1000 条的时候，响应时间是 2.5 秒，CPU 使用率是 60%，但是当每秒处理条数是 1200 条的时候，响应时间变为了 4 秒，CPU 使用率是 80%。不过，场景的思考时间从平均 5 秒减少到 3 秒的时候，负载就下降了 30%。另外，在登录比例比较高的场景中，每 100 次登录会有 2 次出错。"

如果像这样认真地报告结果，客户反而会表示"完全听不懂"。

实际上，客户关心的焦点集中在"在实际生产环境中运行时是否会出现性能方面的问题"。因此在报告性能测试结果时，有时不得不使用"在○○范围内的话没有问题，超过这个范围的话就会达到性能极限"这样的表述。对此，客户可能会误解，觉得没有简明扼要地做出说明，甚至有些客户也可能完全不接受这种说明。

图 5.7 就是为了能获得客户的理解而进行解释的一个例子。缺失了这其中任何一个环节，逻辑上看起来都会比较跳跃，也就会被客户要求补充说明，或者被客户抱怨难以理解。

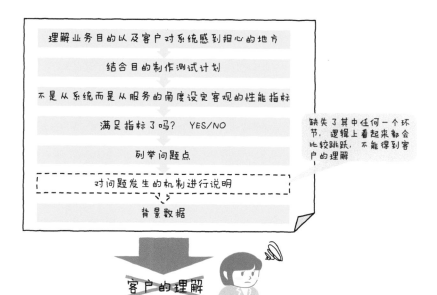

图 5.7 常见的失败⑦ "报告内容难以理解导致客户不能认同"

5.2.8 客户因为存在不信任感而不能认同

一般来说，客户很容易对性能测试结果的报告产生不信任感。花费很多时间反复调优，反复分析，却没有得出明确的结论，或者对于"在生产环境中运行时是否会出问题"这样本质性的问题只能给出附带条件的、模棱两可的回答，就会让客户误以为是在糊弄他。很多情况下，由于不能很好地共享性能测试的整体过程，或者本来关于性能需求或性能测试设计的需求等的约定就很模糊，导致结论与评价基准等也变得很模糊，引起沟通不畅。

如果得不到客户的信任，那么项目方不论做什么都需要去消除客户的疑虑，以及做一些举证等不必要的工作，导致效率变差。特别是需要客户合作的项目，这样一来就会陷入一个非常不好的状态。

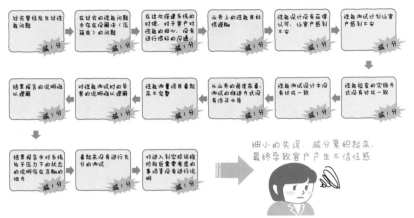

图 5.8　常见的失败⑧ "客户因为存在不信任感而不能认同"

5.2.9　测试很花时间

性能测试所花费的时间要远远超出想象。功能测试的情况下，一般只需执行预计的操作，看其结果是○还是 ×，就能立即得出答案。而性能测试则不一样。

一般来说，下面列举的各项工作会特别花费时间。

◉搭建与生产环境一样的结构

在性能测试的时候，必须搭建与生产环境一样的结构，而这个搭建工作可能会与普通的搭建工作花费相同的时间。

这个结构所必需的项目主要有网络、存储、OS、中间件、实例生成、应用程序部署等。

◉生成用于产生负载的环境与路径

把产生负载的工具连接到哪个网络点、形成怎样的工具配置结构，以及如何设置防火墙与负载均衡、如何设置负载工具本身等，这些工作与普通的搭建工作一样要花费很多时间。

在设计时没有考虑到性能测试的路径和配置，临近测试时才临时抱佛脚，讨论可配置的结构、预留地址和路由、设置机器、调整设置场所等，这种情况都是常有的事。

◉ 设置用于性能测试的资源统计监控

即使进行普通的运维监控，有些情况下也需要通过别的方法来进行用于性能测试的资源统计。

- 通常的运维监控以 5 分钟的间隔来监控就足够了，而在性能测试的时候，想要按 1 分钟的间隔来监控，从而确认详细的运行情况
- 为了便于在性能测试的时候分析瓶颈，想要更详细地进行资源统计

在上述很多情况下，都需要重新设置监控登记的设定。

◉ 负载生成场景脚本的生成

为了实际运行负载生成场景，需要将其脚本化。即使是在测试准备阶段，这个工作有时也要花费相当长的时间。首先，需要讨论场景和分配等，比如什么样的页面操作流程更接近实际的负载。

接着，结合应用程序的特性，在登录的认证模拟器、Ajax 和 Web 服务器通信等的应对处理，以及多个查找关键字和菜单选项等的多样化设置方面，考虑将发向服务器的请求的参数中哪部分以变量形式实现等，然后据此生成场景脚本。

此外，以 CSV 等形式生成像数据银行（Data Bank）这样的登录 ID 或输入值列表，并设置为每次从中读取不同的数据，这部分做起来也很花时间。

举个极端的例子，即使是经验丰富的性能测试工程师，并且使用自己熟悉的方便的测试工具（Oracle Application Testing Suite 等），估计 1 天最多也只能完成 3 个脚本。不熟练或难度高的情况下，设置 1 星期也完成不了 1 个。

◉ 生成用于性能测试的模拟数据

仔细想来，模拟数据的生成其实是一个很费力的工作。并不是简单地把随机的数字插入到数据库中就可以了，而是需要保证和实际相近的

文字模式和散列程度（Cardinality，数据种类的浓度、分布的偏差值）等，而且要生成 100 万条数据本身也是件很复杂的事。多个系统间合作的情况下，还需要以能够相互联动的数据结构来准备。

此外，在用生产环境生成测试数据的时候，需要先备份生产环境的数据，然后导入测试用的数据，在测试结束后再恢复生产环境数据。光是这个备份恢复工作，有时也可能会由于数据量大而耗费一整天的时间。

◉ **性能测试的实施周期**

实际执行一下性能测试就会发现，实施周期也远远超出想象。

后面我们还会提到，一个恰当的性能测试会逐渐增加并发度。如果按照预期的那样来实施测试，就会发现每次测试大概需要 30 分钟到 1 小时。

另外，在测试前后还要对测试结果进行分析和评价、备份与恢复数据、进行调优等。这样一来，即使是独占系统的状态下，实际上 1 天能完成的测试次数也不到 3 次。

◉ **评价结果**

评价测试结果有时也很花时间。例如，即使可以作出"速报中达到了每秒 1000 条的吞吐"这样的报告，但是各个场景、各个操作步骤的响应分别达到了预定的目标吗？资源使用率在各个统计对象中都处于目标范围内吗？在日志中出现了错误信息吗？从服务器返回的内容都是正常的内容吗？如果对此逐一进行检查的话，每次测试都将花费很长时间。

◉ **排查瓶颈**

排查瓶颈这项工作所需的时间完全由调查负责人的技术水平决定。如果是对网络、LB、AP、DB、存储、应用程序的内部结构和 Java VM 等的实现方式等全部了如指掌的超级工程师，那么不管怎样的性能问题，都能在比较短的时间内排查出来。

但是，实际上这样的人几乎很难找到，所以一般会各自分开调查，或者咨询产品供应商，对于异常的部分一个不漏地慢慢调查，最终排查出瓶颈，找出问题。如果技术水平比较低，可能到最后都不能找到瓶颈。这样的话，这个系统也就不能发布了。

也就是说，存在非常花费时间，或者不知道到底会花多少时间的风险。

◎生成结果报告

简单来说，只要能在结果报告中记录测试结果、结论以及支持这些结果结论的数据并进行说明的话就足够了。不过，当涉及的数据量很大时，光是汇总统计、作图就很费时间。而且，在对复杂的瓶颈和调优进行说明时，还需要在资料中记述理论证明的过程，这就几乎是写一篇论文的工作量了。

此外，即使觉得结果报告没问题了，提交给客户之后，如果客户理解不了，或者是被指出缺失了什么重要的信息，也有可能要重新制作一份。

◎制作性能测试计划、调整工作分配

如前所述，性能测试具有耗时较长的特性，因此有必要认真地制作计划，调整工作分配，并有条理地进行。

如果涉及的人员较多，或者系统的供应商很多，那么制作计划的商讨和调整、沟通、安排等工作甚至可能会花掉数周时间。

如果不尽早安排这些计划，就会导致性能测试的开始时间延迟，这一点请注意。

5.3 性能测试的种类

根据目的与情况的不同，性能测试可以分为很多类，接下来就让我们来看一下。

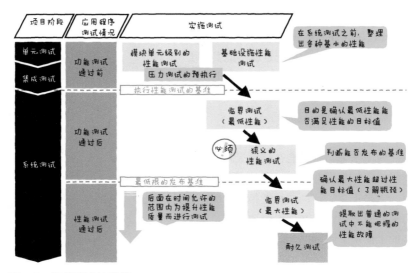

图 5.9　性能测试的种类

5.3.1　实施的周期

在通常的开发、搭建项目的各个阶段，性能测试有几个变种。

作为判断性能的基准，最重要的测试就是（狭义的）"性能测试"。该测试也决定了系统能否发布。除此之外的其他测试则是为了更有效地运营项目或者其他目的而实施的。

"Rush Test" "压力测试"等不是根据测试目的来定义的，它们表示的只是测试的执行方式，因此在什么时间执行是由测试目的决定的。压力测试根据目的的不同，可以分为"性能测试""临界测试""耐久测试"等类型，具体做法都是在短时间内向系统发起大量的访问，以此来测量结果。一般会再现多个同时在线的用户的使用情况。在某些情况下，批处理时大量数据的流入也属于这一类。

下面将对各个种类的测试进行更详细的说明。

5.3.2　狭义的性能测试

这个是最为重要的测试，目的是判断是否能达到要求的性能。

◉实施时间

在系统测试阶段实施。前提是系统测试的功能部分已经全部通过测试，确定之后不再需要系统变更，并且已经做好了进行运用管理和批处理操作的准备，包含此动作的性能测试也已经准备好。如果没有满足这些前提条件，那么性能测试完成后，系统性能也有可能会发生变化，所以请尽量在上述前提下执行性能测试。

◉测量项目

性能测试需要确认以下 3 个性能指标是否均已达成。

- **吞吐（处理条数 / 秒）**
- **响应时间（秒）**
- **同时使用数（用户数）**

此外，确认服务器日志以及压力测试工具的记录，同时确认在测试中是否出现了错误信息。如果出现了错误信息，那么这个处理就有可能在执行过程中被跳过了，也就没有完成充分的性能验证。这种情况下就需要首先消除错误，然后再次执行测试。

如果已经定义了系统运行时资源使用率的上限（例如，遵守 CPU 使用率在 50% 以下等），则还需要一起确认资源使用率。

5.3.3　临界测试（临界性能、回退性能、故障测试）

前面提到过，性能测试用于判定系统能否发布，而除此之外还存在从其他角度进行判定的压力测试。

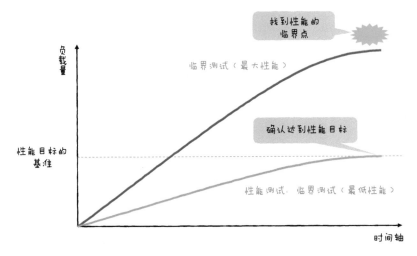

图 5.10　临界测试的种类

◉临界测试（最低性能）

测试是否达到了性能目标的基准。临界测试作为性能测试实施之前的预实施，不用进行太严密的用户场景定义与资源统计，其目的仅仅在于对能否处理预计的处理条数进行简单的确认。另外，在实际执行性能测试的时候，可能会出现负载对象的性能不足、施加负载的一方性能不足、结构错误等情况，临界测试的另一个目的就是发现这些问题。

若无需进行大规模的准备工作就能立即执行的话，应该在系统完成集成测试之后或之前执行一下。

实施时间

在大规模地正式实施性能测试之前，需要与各相关部门进行协调。有时候性能测试的实施时间是有限制的，因此测试负责人或服务器管理者应该事先确认好自己责任范围内的测试是否能正常进行。

测量项目

不需要花费太多精力，只要进行最小限度的确认就可以了。

◉临界测试（最大性能）

这个测试的目的在于，在负载超过性能目标的情况下，把握系统承受程度的上限，以及当时的情况和瓶颈。

如果需求定义中没有要求进行临界性能的测量，那就没必要实施这个测试了。不过，在实际向客户报告测试结果的时候，可能会被问到"超过这个负载的时候能正常运行吗""验证过流量控制和超时功能了吗"等问题。系统发布后，在超负载的情况下，如果流量控制、超时、运维监控的阈值检测机制等不能按照预想的那样正常运行，就会出问题，有时甚至会被当成残次品。为了消除这些隐患，我们要执行临界测试。要想通过验收，性能测试是必不可少的一项工作。而临界测试则非如此，而是项目方为了维护项目成果、避免风险而自发实施的测试。

实施时间

在系统测试阶段顺利通过性能测试后，如果有足够的时间就进行此项测试。这个时候可以进行两种测试。第一种是偏向基础设施的测试，在施加了与生产环境相似的流量控制的状态下，确认流量控制功能能否正常运行。另一种是在不进行流量控制的状态下，确认系统所能处理的上限以及这个时候的情况和瓶颈原因。在进行了这两个测试后，如果能基于明确的记录，对系统在超负载时的情况进行说明，客户一定能认可这个报告。在某些情况下，如果很好地执行了后面提到的"基础设施性能测试"，也可以不实施这里的第一种测试。

如果系统是横向扩展结构，那么也需要验证横向扩展结构下达到临界负载时的运行情况。理想情况下，在达到最大负载时，AP 服务器和 DB 服务器的 CPU 使用率会达到 100%，或者网络带宽的使用率会接近 100%，像这样施加负载让资源达到上限的话，那么作为临界性能测试的测试结果就可以说足够了。如果资源使用率没有达到 100% 就已经到了性能界线，吞吐也不能继续提升，或者增加负载也只是导致响应变差，那一定是哪里的设置存在瓶颈，必须搞清楚原因。

在从长远的角度计算系统使用人数的增加量以及针对这种情况的估算指标时，除了在纸上计算之外，还可以一并参考临界测试中阶段性的负载增加以及资源使用量。特别是与公司内部系统不同，在互联网系统中，可能会出现用户突然增加的情况，因此为了建立估算战略，事先进行测量是非常重要的。

测量项目

实施临界测试的方式是一直施加负载直到达到最大吞吐。使用压力测试工具增加并发度来生成负载的情况下，并发度增加到什么程度也是一个基准。此外，如前所述，为了判断资源是否用尽，也要一起参考服务器的 CPU 使用率。

◉ 回退性能测试

回退性能测试也属于一种故障测试。在那些为了确保可用性而使用了冗余结构的系统中，我们需要验证当其中一部分处于停止状态时，是否能获得预期的性能。如果存在回退情况下的性能需求定义，就要进行这个测试。即使没有进行需求定义，如果在生产环境中运行时发生回退，导致没有获得预期的性能，也会很棘手，所以要尽可能地把这个测试加入到项目的验证计划中。

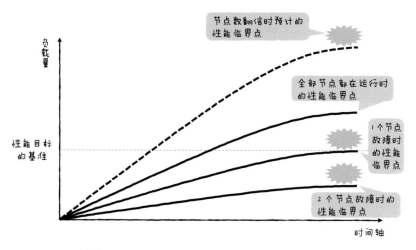

图 5.11　回退性能测试

实施时间

分为两种情况，一种是在系统测试阶段的性能测试结束后执行，另一种是在后面将会提到的基础设施性能测试的过程中执行。如果冗余结构以及可用性功能在系统基础设施中就完成了，并且能够与搭载的应用程序剥离开来，那么只需在基础设施性能测试中执行回退性能测试就可以了。其他情况下，由于要让应用程序在类似于生产环境的环境中运行来进行测试，因此就要在性能测试之后来执行了。

不仅要对一部分处于停止状态的结构进行性能测试，也要对运行过程中停止或者再次启动时响应时间的变化进行确认。

测量项目

通常的检验方法是，作为测量指标，通过吞吐来确认最大性能，以及通过响应时间和是否发生错误来确认行为的变化。

故障测试

故障测试实际上并不属于性能测试的种类，一般被归类到集成测试或系统测试中执行的故障测试。不过，在发生与性能相关的故障时，需要结合压力测试一起实施，而且故障测试与这里介绍的其他测试手法相近，所以笔者就在这里进行解说了。

故障测试的目的是触发高负载时会出现的故障，判断那种情况下系统的行为以及错误恢复是否与预计的一样。特别是那些会出现高负载但又追求高可用性的系统，故障测试是必需的。

实施时间

如果作为基础设施可以分离开来的话，可以在集成测试和系统测试的基础设施上进行故障测试。如果不能分离，则可以在性能测试和临界测试等完成后，基于已经确立的性能测试和临界测试的手法来进行测试。

需要注意的是，如果在一般的性能测试和临界测试等场景中直接执行的话，有可能不能触发目标故障点，而是在别的地方出现瓶颈，导致不能触发希望出现的性能故障。这个时候，需要重新考虑负载场景、系统结构和设置，直到可以触发希望出现的性能故障。

测量项目

首先着眼于服务器以及负载终端的错误，确认那个时候的吞吐以及平均响应时间，将其作为参考指标。

5.3.4 基础设施性能测试

在最近的系统搭建中，大多会将应用程序和基础设施分离开来，分别制定搭建计划，然后在集成测试或系统测试中才将其汇合到一起。基础设施中包含中间件（DB 或 AP 服务器）的情况也很多。此外，基础设施作为基础，有专业负责人或供应商执行别的调度计划和检查，笔者认为，采用和应用程序不同的流程更容易推进。综合基础设施和私有云等一开始往往不能准备好应用程序，所以有时就需要在没有应用程序的情况下进行基础设施的发布及基础设施测试。

◉ 基础设施性能测试的目的与必要性

基础设施性能测试是与应用程序分离开，从基础设施的观点来进行的性能测试。基础设施性能测试的目的是防止在后面的系统测试阶段中基础设施出现性能问题导致返工或计划变更。基础设施搭建团队通过预先进行负载试验，来尽量规避风险。

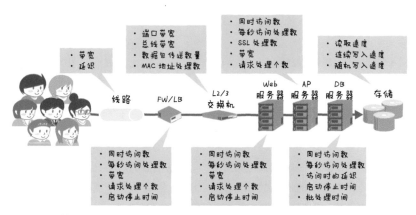

图 5.12　基础设施性能测试的主要验证项目

只要没有作为验收条件进行规定，基础设施性能测试就不是必需的。不过，如果在系统测试后的性能测试中才发现基础设施存在性能问题，返工成本就会很大，而且也有可能会影响到计划。为了不出现这样的情况，强烈建议在基础设施方面进行与实际生产环境相似的性能测试。

◉ 实施时间

基础设施搭建结束后，在基础设施的集成测试中故障测试完成之后实施。

在基础设施上进行性能测试，其最大课题就是在应用程序还没有完成的状态下如何预估出需要的性能，以及怎样使用作为样本运行的应用程序。

◉ 测量项目（样本应用程序）

评价的对象不同，测量的应用程序也不同。

从网络到Web服务器的基础设施性能测试

在 Web 服务器上部署静态资源，然后对其发起大量访问就可以了（图 5.12）。

包含依赖于会话的处理在内的基础设施性能测试

使用依附于应用程序的样本程序。如果是 WebLogic 的话，就经常使用 PetShop 或 MedRec 等作为样本项目。这些程序会进行包含登录在内的会话管理，因此使用负载均衡器或 Web 服务器来进行会话和 cookie 的处理，然后分发，这样作为性能测试来说就足够了。

使用数据库或缓存网格（Cache Grid）或KVS的情况

这些服务都不是直接从外部来访问，而大多是从 AP 服务器来访问的，因此很多时候不需要经过全部的基础设施。这种情况下，建议一个一个地单独验证。各种测试工具应该都已经准备好了。

在进行数据库的基础设施测试时，为了按照事先想好的处理流程编写脚本，或者预设好实际的运行步骤并添加负载，使用 Oracle Real Application Testing 或者 Oracle Application Testing Suite 的 Load Testing Accelerator for ORACLE Database 也很方便（后述）。

在基础设施性能测试中，特别是与存储和数据库相关的测试，需要准备好与生产环境相同的数据量来验证。另外，测量备份和恢复所需的时间以及运维批处理能否在一定时间内完成也应该包含在基础设施性能测试中。

◉基础设施性能测试的性能目标

在基础设施性能测试中，除了样本应用程序之外，另一个课题就是应该以什么样的性能目标作为基准。在讨论目标值时，一般按照下面的顺序进行。

①提出性能目标信息

让应用程序开发部门提出严谨的性能目标信息。具体包括负载均衡器和 Web 服务器上必需的同时连接数、每秒的请求数、网络流量（bps）等。DB 基础设施的情况下，只有简单的处理数和同时访问数是不够的，如果不能在应用程序这里更进一步，让其提示与业务相同级别的 SQL 的同时执行信息，就不能完成充分的基础设施测试。

如果没有很好地定义这些指标就进行应用程序设计，就会在开发时忽视性能，因此应该对应用程序开发部门明确地提出要求。

②自己预估

如果不能获取上述信息，或者对应用程序开发部分预估的信息不够放心，就需要自己来预估，顺便进行验证。

表 5.1 中汇总了预估目标信息所需的项目与知识。

表 5.1　计算基础设施性能测试的性能目标

项目	说明	常见范例	计算时是否需要			
			带宽	吞吐（请求/秒）	同时访问数（用户人数）	同时连接数
①顾客总数	能够想到的使用人数的最大值。内网的话就是公司员工数。互联网网站的话要根据市场来预测	3 万人（大公司的内网）；50 万人（中型规模的互联网站）	●	●	●	●
②高峰期 1 小时内的顾客集中率	在特定的 1 小时里，上述总数的顾客同时访问的比例最大是多少	70% = 内网的全体员工必须同时使用的处理；3% = 大型 EC 网站在促销期间会员集中访问	●	●	●	●

（续）

项目	说明	常见范例	计算时是否需要			
③顾客的平均思考时间	浏览了某个页面后，到浏览下一个页面前，中间的思考时间的平均值	5 秒 = 文章很短也不需要输入的页面上，老用户访问下一个页面所需的时间；120 秒 = 页面中有很多输入项目，也需要阅读说明的情况下所需的时间	●	●	●	●
④每个顾客浏览的页面数	从登录到浏览、提交、退出，中间一共有几步？互联网网站的话，要将那些浏览了 1 个页面就离开的用户也考虑在内，计算平均值	5 页 = 书面申请等；7 页 =EC 网站的商品查找（有的用户会浏览超过 50 页，但大部分用户浏览 1~2 页就会离开）	●	●	●	●
⑤各个页面的平均内容数	每个页面使用的内容（图像、CSS、JS、XML）数的平均值	大部分是 4~50。根据页面的实际制作情况会有所不同	●	●		●
⑥平均内容大小	包含 HTML、图像和 PDF 等内容在内的平均文件大小	一般来说 HTML/CSS/JS= 大概 10 KB；图像文件 = 大概 50 KB；PDF 文件 =2MB	●			
⑦内容缓存比例	用户再次访问或者多次访问同一个页面时能够在缓存中获得内容的比例	内网 =70%；EC 网站 =10%	●			
⑧平均每个顾客的最大同时连接数	平均每个客户端终端设备（浏览器）等对服务器的最大连接数	普通的 IE11 用的网站 =6 个；使用 WebSocket 的时候 = 稍微少于 6 个				●
⑨服务器的预估响应时间	服务器响应请求并向客户端返回内容所需的时间的平均值。将缓存响应也考虑在内	1.5 秒左右 = 公司内部的应用；0.1 秒 = 调优做得很好的网站		●		

　　使用表 5.1 中的各个项目如何计算出各个目标值呢？方法如下所示。算式中带圆圈的数字就是表 5.1 中项目的编号。

【带宽（bps）的计算方法】

（每小时的处理页面数）× 每个页面的大小 × 没有命中缓存的概率

$((① × ② × ④) × (⑤ × ⑥) × (1 - ⑦)) ÷ 3600s（1h）× 8（bit）=$ 带宽（bps）

【吞吐（请求 / 秒）的计算方法】

（每小时的处理页面数）× 没有命中缓存的概率（（① × ② × ④）

× （1 - ⑦）÷ 3600s（1h））= 页面请求数 / 秒

【同时访问数（用户人数）的计算方法】

（每小时的处理页面数）× 平均思考时间（① × ② × ④）

× ③ ÷ 3600s（1h）= 同时访问数

【同时访问数（活跃连接数）的计算方法】

$((① × ② × ③ × ④) ÷ 3600s（1h）) × (⑧或者⑤中比较小的那$ 个值）÷（HTTP KeepAlive 的预计时间或者③中比较大的那个值）

"同时访问数"实际上会比这里的值更小。这是因为浏览器能够使用一个连接来处理多个内容。如果要进行更精确的计算，就需要考虑每个内容的平均响应与连接的整合度。

5.3.5 应用程序单元性能测试

应用程序的单元性能测试是在集成测试执行之前进行的测试。在集成之后发生性能问题的时候，如果不能简单地修复，就会导致集成之后的计划延期。为了防止这种事情的发生，应该提前进行应用程序单元性能测试，以防范于未然。

虽然这个测试并不是必需的，但是为了推进项目顺利进展，防止像前面那样在项目后期才发现问题导致返工，对项目计划和成本产生影响，就需要应用程序单元的开发方在确认性能之后再移交。

◉实施时间

在应用程序开发中进行单元测试时，建议同时进行单元性能测试。可以像单元测试一样以测试优先（Test First）的形式组合，在每天进行

build 时自动测试并检测出错误的机制中加入性能测试。Java 的话也可以通过 JUnitPerf 等来实施。可以在代码中直接要求，若超过了响应时间的目标就报错。

5.3.6 耐久测试

耐久测试可以归类到故障测试这一大类中。但是，耐久测试可以沿用性能测试的方法，比起单独执行，与性能测试一起执行效率更高。因此，耐久测试作为性能测试的关联领域，多由性能测试的负责人来实施。

此项测试的目的在于确认系统长时间运作时是否会出现故障或报错、内存泄露、计划外的日志堆积，以及日志轮转（Logrotate）和每日的批处理是否可以正常运作等。建议在追求高可用性的系统中实施此项测试，不过需要确定耐久测试所需的时间。若需要进行 1 周的连续作业测试，当然就要占用 1 周的系统，中间若出现失误需要重新实施，或在耐久性测试的结果中发现问题，就需要进行修正并重新测试。因此，在确定耐久测试所需的时间时，至少需要预留耐久测试实施时间的 3 倍的时间。

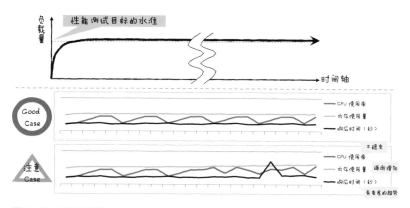

图 5.13　耐久测试

◉ 实施时间

如果在完成性能测试以及临界测试后，在项目上线前还有时间，并且有充足的时间可以占用系统的话，建议使用这个时间来进行耐久测试。

◉测量项目

耐久测试主要关注的是以下项目。

- 响应时间……需要观察平均响应时间是否有变差的趋势。该指标比 CPU
  等的资源使用率更容易抓住问题。若有逐渐变差的趋势，就代表某个部
  分有可能发生了劣化

- 内存使用量……需观察进程中的内存使用量是否在逐步增加，据此可以
  检测出是否存在内存泄露。但是近年来 OS 中有缓冲和缓存的机制、堆
  内存（Heap Memory）和 GC 的机制，有时会先保证大量的内存，并在
  其中进行处理，所以需要在理解架构之后进行确认

- 磁盘增加量……在设计时应该有一个指标，即当访问数量是多少时日志
  的增加量是多少。然后再回过头来确认实际情况是否和设计时的预想一
  致，以及其他无关的目录下磁盘使用量是否有增加等

- 其他参考指标……CPU、线程数、系统内部内存（DB 的缓存、Java
  VM 的堆内部的动态）等

5.3.7　关联领域

如上所述，性能测试的关联领域有故障测试、耐久测试等。虽然这
些测试单独实施起来难度较高，但由于可以利用性能测试的手法，而且
大多数情况下都可以由性能测试的负责人来帮忙或者负责，因此在本章
中对其进行了介绍。要想成功地完成项目，项目组成员就不能持有"只
要我负责的那部分没问题就 OK 了"这样的态度，而是应该所有成员一
起努力协作，而项目经理则需要为大家创造更加容易一起协作的环境。

本章我们围绕着系统发布前的性能测试进行了解说，但在实际的开
发现场，很多时候都是在项目发布后的打补丁以及库文件更新时进行
的。为了使系统稳定运行，运维的时候也要能随时在测试环境中增加负
载进行测试。

5.4 项目工程中考虑的性能测试

虽然一心想要使性能测试成功，但测试开始之后就会发现，有些地方是无论怎么努力也无能为力的。例如在需求定义中规定的关于性能测试需求的部分，在进入测试之前的设计、开发和搭建阶段实现的内容的变更，项目日程上性能测试所需的时间太短等，这些都是在测试开始后就不能改变的。

这样一来，不但不能充分地进行性能测试，还会在对性能抱有不安的情况下把系统发布上线，这对于项目和业务来说都是不好的。因此，项目经理需要从项目整体的角度来把握性能管理，以使系统顺利发布。

一般的项目工程如图 5.1 所示，这里主要对容易忽略的以及难以推进的部分进行说明。

5.4.1 需求定义

[对象]

◉ 需求定义中的 3 个必需要素

在需求定义中，一定要定义"吞吐""响应时间""用户并发度"这3 个要素。不只是在性能测试中，在系统实际运行时，这 3 个要素也对性能有重要影响。

假设吞吐为 T，响应时间为 R，用户并发为 U，那么这 3 个要素之间的关系就可以用下面的关系式来表示。

$$U \times R = T$$

这个关系式意思是，任何一个数值发生变化，其他指标也都将跟着变动。看起来像是进行了需求定义，但如果忽略了其中任何一个值，那么性能测试就能随意往好的方面解释了。因此，性能目标一定要包含吞吐、响应时间和用户并发这 3 个要素。

◉ 指标的计算

根据环境和测试目的的不同，吞吐指标也有所不同（表 5.2）。例如，即使是对同一个 Web 进行压力测试，目的不同的话，测量指标也会不同，因此请务必注意。在已经确定吞吐指标的情况下，为了与处理条数进行对比，要定义每个处理相应的响应时间。

表 5.2　吞吐的测量基准

测试目的	吞吐指标基准	理由与其他的必需要素
网络设备	网络接收、发送的数据量（bps）	此外还有数据包 / 秒（bps）、连接建立数 / 秒
LB 或 HTTP 服务器的性能	HTTP 的命中数 / 秒	普通的 HTTP 请求就足够了。 此外还有连接生成数 / 秒 (bps) 等
Web 应用服务器的性能	页面处理数 / 秒、事务数 / 秒	Web 内容有时候平均每个页面拥有多个静态内容（图像、JavaScript、CSS 等），这个时候虽然会被统计进 HTTP 的命中数，但它们不会对 AP 和 DB 的负载产生影响，因此在测量 AP 和 DB 的性能时，需要通过页面数量来判断。另外，登录、提交、数据更新等命令的负载往往很高，如果对此比较关注的话，也可以使用关注数据更新的事务 / 秒的指标
DB 服务器的性能	页面处理数 / 秒、事务数 / 秒	

吞吐的计算

计算吞吐的时候，如果有现成的系统，可以从它的访问日志来确认其之前在峰值时间的处理条数，然后加上将来预计的增加量，得出的结果就可以定义为目标值，再与客户一起协商。

如果没有正在使用的系统，可以首先算出预计的使用人数、这些用户的使用时间段的分布情况、用户的访问频率、每个访问对系统发出的请求次数等，然后据此进行推导。

并发的思维

并发并不是作为性能目标通过听取客户意见来推导出来的，而是通常根据吞吐和响应时间计算出一个合适的值（客户即使了解业务中同时使用的人数，但是对于系统瞬间运行的并发处理的情况，他们并不清楚）。

那么，如何推导出来呢？这个时候"用户操作的预计思考时间"就很关键了。计算出平均每个用户在处理中按照什么样的频率来访问，这个平均值可以说就是 1 个并发时的吞吐（例如，每 5 秒钟进行 1 次操作 = 0.2 次 / 秒的吞吐）。然后，计算并发多少个能到达目标吞吐。

[例]

目标：1000 条 / 秒

1 个并发的情况下是 0.2 条 / 秒

→它的 5000 倍就是 1000 条 / 秒

→因此，"5000 个并发" 就是在系统中实际发生的并发度

应用程序服务器等在登录到退出期间会缓存会话信息。对于这些信息，客户端会以 cookie 形式保存，服务器端则会作为会话内存来保存。为了使其按照预想的方式来执行，也需要准备好进行实际用户滞留期间的处理的场景。

另外，在进行 HTTP 通信的时候，需要知道并发度与 TCP 连接数量是不同的。在图 5.14、图 5.15 中，每个用户会生成多个 TCP 连接，此外，TCP 连接的状态也会因 KeepAlive 的有无而不同。

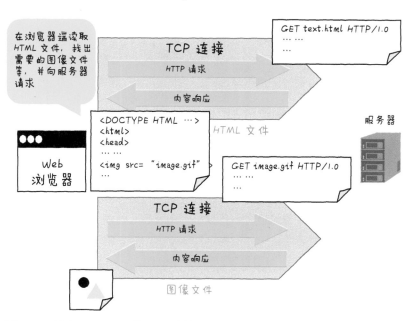

图 5.14　没有 KeepAlive 的 TCP 连接

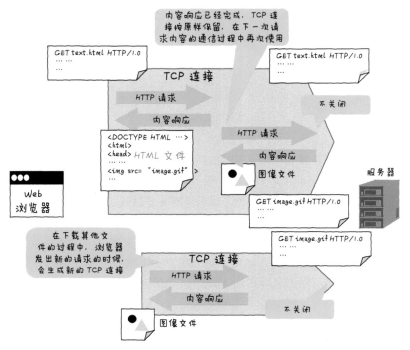

图 5.15　有 KeepAlive 的 TCP 连接

◉在何处进行性能需求定义

性能需求定义一般是在系统设计阶段进行要求定义 [1] 的时候，作为非功能性要求来进行定义的。

在 RFI（Request For Information）以及 RFP（Request For Proposal）中明确要求，并在其中定义上述性能目标值。然后，供应商对此提出可行的系统架构方案。虽然也有一些项目在还没有对性能目标达成一致的时候就提出方案并着手进行，但在这种情况下，在系统测试阶段或者系统发布之后，往往就会出现性能问题，导致故障。

关于非功能性要求定义，可以参考独立行政法人信息处理推进机构

（IPA）公开的使用向导《非功能性要求等级》①。这个使用向导是为了实现非功能性要求的可视化以及方便确认而公开的，记述了包含性能需求及其他需求在内的需求定义的原则和实践方式。它不是所谓的"官方"使用向导，而是日本主要的供应商及其他优秀的个人工程师的经验总结，很有参考价值，值得一读。

◉讨论性能需求时的注意事项

除了前面提到的 3 个要素之外，严谨地考虑实际场景的话，还需要讨论表 5.3 中的项目。

表 5.3　性能目标定义时的考虑事项

分类	考虑项目	例子、备注
使用状态	数据量	查找对象 1000 条 vs 1000 万条 平均每个用户的会话信息：3 MB vs 1 GB
	用例的前提	存在大量执行查找、更新的用户 忽略了除用户之外，还有管理检查的人
数值的前提	峰值时的变动率	虽然平均 1 分钟最多处理 600 条（平均 10 条／秒），但是在峰值时每秒处理了 50 条
	服从率	99.9% 响应时间在 5 秒内
环境限制	资源使用上限	限制系统的最大 CPU 使用率在 50% 以下
	是否使用 VM	共用资源的时候很难保证性能
	延迟	线路的延迟、第一次连接负载均衡器时的延迟
	客户端结构	例子：Windows XP Memory 256 MB
运维时的特殊情况	回退时	某一端故障时的响应时间、吞吐、同时访问数
	批处理执行时	批处理执行过程中的响应时间、吞吐、同时访问数
	备份时	备份执行过程中的响应时间、吞吐、同时访问数
	在线维护时	系统更新中的响应时间、吞吐、同时访问数
	启动过程中	节点启动过程中以及刚刚启动完时的响应时间、吞吐、同时访问数

---

① 请参考 https://www.ipa.go.jp/sec/softwareengineering/reports/20130329.html。

——译者注

5.4.2　项目规划

[对象]　

◉ 必要的工程与人员

一般来说性能测试预留多长时间比较好呢？对于这种粗略的问题，笔者会回答至少需要 1 个月左右。虽然根据项目性质的不同，有的可能会进展得更有效率，但是只预留 1 周时间的话风险还是很大的。即使匆匆忙忙地进行 1 轮测试以及相应的准备、分析工作就结束，如果性能没有达标，也就必须重新制定计划。正如本章前半部分中说明的那样，性能测试是非常费时间的。

性能测试中涉及的人员如下所示。负责各项工作的人员，即使不是全职，也要确保能在需要时立即参与到性能测试中。否则，当碰到什么问题的时候，如果不能在短时间内解决问题，就可能会影响到整体的进度。

性能需求定义负责人（提案SE）

从系统提案时的信息中提取出针对性能测试的性能目标，并传达给测试负责人。另外，当系统提案时的性能目标不明确或者有矛盾的时候，也要负责与客户协商，调整性能目标。

项目经理（PM）

确定性能测试项目的工作和计划，在实际进行性能测试的过程中做出决策，对计划书和报告书进行最终确认。

性能测试设计负责人（架构师）

从架构的角度来确认性能测试设计中的负载生成和测量计划是否合适。另外，在测试过程中出现性能瓶颈的时候，要起到分析和调优等的主导作用。

性能测试负责人①（性能测试设计、计划、报告）

作为测试团队的领导人，制作测试设计、计划书，并在测试完成后制作报告书，进行报告说明。

性能测试负责人 ② （测试环境准备、实施、统计）

生成测试脚本、准备测试数据、设置测量项目、执行测试、分析结果等。

性能测试分析负责人（中间件、DB、网络、AP等各个领域的专家）

作为中间件、DB、网络、AP 等各个领域的专家，观察性能测试，在发生性能问题的时候，从各自的专业视角进行分析和调优。

基础设施搭建负责人（在测试时进行基础设施的修改）

在测试过程中需要修改 LB 设置或网络、存储、服务器等的时候，负责进行修改工作。

应用程序、数据负责人（准备测试环境的数据、实施应用程序内部的调优）

生成及更新测试用的数据库，针对测试修改应用程序内部的逻辑，当应用程序逻辑部分出现性能瓶颈的时候，进行修正、调优工作。

5.4.3 【基本设计】选择系统

[对象]

◉确认是否有性能测量功能

机器能否应对预想的性能测试方法（大量负载的生成）这一点也很重要。有些产品虽然宣称性能很高，但是却不支持施加大量负载进行验证，有的产品则不允许供应商指定方法之外的负载的生成。这样一来，验证方法就会受到很大的制约。

可能的话，最好选择性能测试实例丰富、项目成员经验丰富的产品，或者是积极提供性能相关信息的供应商的产品，这样能降低设计、测试时的风险。

5.4.4 【基本设计】性能测试环境

[对象]

◉ 基本设计时定义的性能测试环境

基本设计时应该会定义系统结构和网络拓扑等信息，这时容易忽视性能测试的流程及测试环境的使用方法。如果这些信息在设计时被忽视，在后面的系统测试阶段就有可能需要从设计开始变更环境，那就很麻烦了。

基本设计时需要定义以下项目。

如何搭建验证环境

在进行性能测试时，如何搭建与生产环境一样的验证环境呢？是使用生产环境的机器呢？还是使用验证机器呢？性能测试的实施基本上会独占系统，并且在系统发布后，每次执行批处理或再次发布的时候都要对系统进行性能验证。因此，一般不使用生产环境或开发环境，而是准备与生产环境同样规格、同样软件版本的验证环境。

使用哪种负载生成工具

根据特性的不同，有些负载生成工具能用于基础设施测试，却不能用于应用程序测试中复杂的 HTTP 会话或页面出错的判断等。

Oracle 提供的 Oracle Application Testing Suite 的 Load Testing 功能能在 Windows 和 Linux 中进行分布式安装，简单地进行从基础设施到应用程序的大量压力测试。另外，用于分析瓶颈的资源统计功能也很丰富，可以一边实时分析一边进行测试，能大幅提高性能测试的执行效率。

性能测试时的数据放置在哪里

在进行性能测试的时候，需要在 DB 存放大量性能测试用的数据，然后实施测试。另一方面，在用户验收测试（UAT）或实际运行时需要重新替换成真实的数据，因此数据保存和备份恢复的功能很有必要。另外，多次进行更新相关的测试的情况下，如果每次测试都把数据恢复到更新前的状态，那么就能在测试的时候使用相同的场景，这样就能避免测试之间的差异。为此，需要在短时间内获得备份并进行恢复的功能。至于是在 DB 服务器上存储备份数据还是使用外部存储，这个问题虽然只在性能测试中涉及，但也需要事先考虑好。

使用 Oracle Database 的情况下，笔者建议使用名为 Flashback Database 的功能，据此能够快速恢复数据。通常的恢复操作需要等待超过 1 个小时，但是这个 DB 可选功能可以在短时间内恢复到指定的恢复点。另外，除了 DB 级别之外，在虚拟化环境或云计算环境中，也可以从文件系统获得快照，然后恢复到那个时间点。这个方法需要重启 DB，但是能在比较短的时间内切换回来。

此外，Oracle 的名为 ZFS 的文件系统中提供了检查点（checkpoint）和恢复的机制，并且还提供了能够让 ZFS 高速运转的名为 ZFS SA 的存储设备。

如果只是查询测试数据而不需要更新，那么有一个突破性的方法，即屏蔽（Masking）生产环境的数据，使得在测试中也查询这些数据，保持与生产环境的数据同样的条数、同样的数据稀疏度来测试，在发布的时候也不进行切换。使用 Oracle Database 的情况下，可以通过 Oracle Data Masking Pack 这个选项来实现。

网络结构

在性能测试的准备工作中，网络结构是否支持性能测试这一点也很容易成为问题，因此需要在基本设计阶段提前确认好必要事项。

负载生成设备的放置位置

在选好负载生成工具后，需要考虑把它放在哪个位置。通常会放置在从最接近用户访问路径的系统的网络外面进行访问的位置。但是，在实际的性能测试中，如果性能没有达标，那么为了对网络瓶颈进行区分调查，最好可以连接更近的网络来再次验证。另外，还需要确认网络是否连通、可以使用的 IP 地址数量是否匹配负载生成设备的台数等信息。

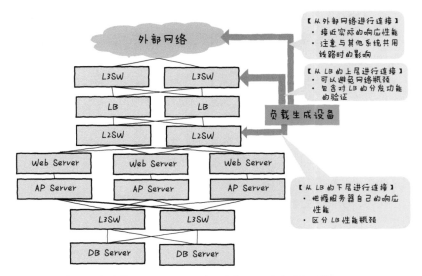

图 5.16　常见的失败④ "压力场景设计不完备而导致发生问题"

带宽

　　生成负载时会大量占用带宽。在这种情况下，如果与生产环境中用于其他功能的网络叠加在了一起，请注意不要对其产生影响。另外，如果能够使用的带宽很小，那么施加的负载量也会受到限制，因此请事先确认好路径上各个网络能使用的带宽大小。

路由与访问路径与负载均衡

　　也需要确认作为网络从负载生成设备可以路由的路径、防火墙等许可的访问路径、通过 LB 进行负载均衡的网络结构。在 LB 的内部与外部进行的处理不仅是单纯的负载均衡，可能也会使用内容改写、SSL 加速或内容缓存等功能，这种情况下也需要考虑对性能测试带来的影响。

测量路径

　　在性能测试时，为了便于瓶颈分析，最好能进行比普通的运维监控更细致的资源测量。需要从网络设备通过 SNMP 测量流量和负载信息，连接服务器代理或虚拟机，来测量资源的使用情况，还需要确认在测试时是否有获取这些信息的路径。使用 Oracle Application Testing Suite 的情况下，能通过浏览器远程访问来操作、分析压力测试。使用这种工具的时候，只要能确保对于它的远程访问路径就可以了。

物理设置

除了前面介绍的准备工作之外，还必须确认是否能进行物理设置。连接光缆的时候，需要确认端口的闲置数量是否足够、光缆线能否连接上、是否有放置负载生成设备的空间、是否有电源等。在大规模系统中，生产环境通常在数据中心，为了进行为期几天到几个月的性能测试，还需要事先确认数据中心是否能放置设备、是否有人待的地方等，并在必要时进行协调。

5.4.5 【基本设计】其他与性能设计相关的事项

[对象]

◉ 设计时考虑的要点

优秀的架构师在设计应用程序的时候会把性能分析也考虑进去。这不光是为了方便进行性能测试，对实际运行时出现的故障的分析也是非常有用的。下面是几个需要考虑的要点。

可以从外部获取当前队列中滞留的请求数和线程使用数

队列中发生滞留、线程急速增加或达到上限等，这些都有助于找到瓶颈发生的地方。

有可以计算重要处理所需时间的机制

在发生延迟的时候，如果能明确从哪里到哪里的处理有变慢、哪里没有变慢的话，就很容易区分开来。

能获得各个应用逻辑所需时间的平均值、最大值和最小值

实现高水位线（High Water Mark，HWM）等（过去最大记录值）的统计后，能比较容易地把握那些不能在平均值中体现出来的暂时性的性能问题。

外部交互时使用的数据的请求和响应，其内容及所需时间能够被记录下来以方便排错（Web服务交互和SQL执行等）

在多个系统之间出现性能问题的时候，很难分辨出是哪个模块导致的，而数据交互过程的可视化就有助于提高排错效率。

在日志中能记录各个处理的会话ID、序列号及所需时间

要调查涉及多个模块的性能问题，就需要彻底追踪哪个请求被发送到了哪里。如果能记录处理所花费的时间，那么在记录各个重要步骤的时间点的同时，也能区分出各个会话。

5.4.6 【性能测试设计】测试计划的细节

[对象]

◉制作测试计划

性能测试设计的收尾工作就是制作性能测试计划。完成之后的性能测试计划可以说是性能测试设计的汇总。

通过详细描述项目的长期计划、中期计划、短期计划，将整个工程的任务具体化，能够更好地把握和分享工程。当然，也可以使用项目管理工具。

长期计划

从纵观项目的角度来制作计划。单位可以是月，或者把 1 个月分为上旬、中旬和下旬，或者以周为单位分割为 4 ~ 5 份。将项目结束为止的里程碑似的重要事项记录下来。

长期计划中有一些检查的要点：性能测试是否被安排了足够的时间（1 个月以上等），作为实施性能测试的前提的集成测试、基础设施单元性能测试以及后面的用户测试等能否在时间上没有冲突地执行等。

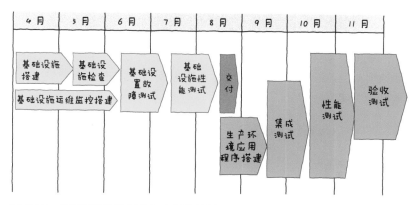

图 5.17 从项目整体进程的角度制作计划

建议大家将本章介绍的各个项目工程中为性能测试所做的准备工作作为任务记下来。

中期计划

中期计划以天为单位，整理出每天做什么事情。其内容如下所示，汇总了性能测试中里程碑似的重要事项，依此来调整整个计划。

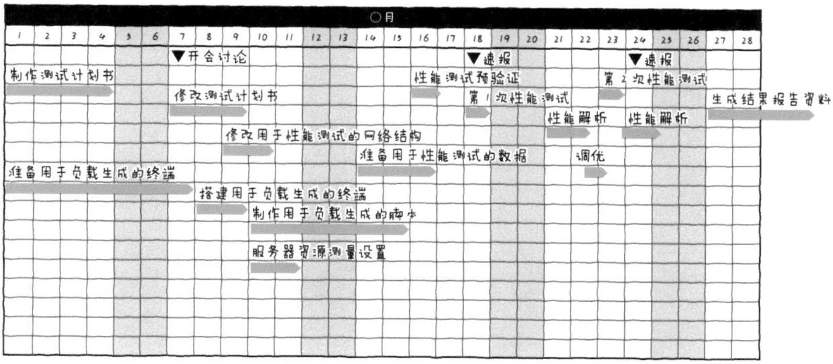

图 5.18 中期计划的例子

短期计划

短期计划是性能测试前一天及当天的工作安排。由于短期计划中会列出各个时间段的工作，因此单位是小时或者分钟。

短期计划的目的是记录测试的各个步骤开始及结束的预计时间，把握实际的工作量能否在规定的时间内完成，以及为确认各项工作负责人之间的合作事宜而整理信息。

在生产环境中进行测试的时候，也会记录停止和切换的开始时间和结束时间、备份结束时间、向全体人员发邮件报告各个里程碑似的重要事项的时间等。

	应用程序负责人	基础设施负责人	压力测试负责人
9：00	进入数据中心，事前商讨		
10：00	数据备份		
11：00	& 替换	网络切换	
12：00	观察	观察	观察
13：00	休息	休息	休息
14：00			资源统计检查
15：00	观察	观察	开始性能测试①
16：00	观察	观察	达到最大虚拟用户数·资源分析
17：00	数据切换		简单的结果分析
18：00	速报·报告会		
19：00	调查瓶颈（根据需要）	调查瓶颈（根据需要）	数据分析工作
20：00	观察	观察	开始性能测试②
21：00	观察	观察	达到最大虚拟用户数·资源分析
22：00	数据切换	网络切换	简单的结果分析
23：00	速报·报告会·整理		
0：00			

图 5.19　短期计划的例子

5.4.7 【性能测试设计】人员配备与联络体制

[对象]

在测试计划中，需要整理前面提到的必要功能分别由谁来负责、他们的联络方式是什么、什么时候进行处理、负责协调各部门工作的窗口是谁、需要上级来协调时的路径是什么等信息。把这些信息总结成功能划分图与组织图，来进行协调。组织图并非只有 1 个，应尽量代入各个阶段来准备。

　　另外，指定了负责人后，应确认该负责人能够工作的时间范围并告知大家。还应该将是否需要处理其他业务以及休假情况考虑在内，制作 1 个计划图。需要晚上工作的情况下，由于会对第 2 天的工作计划产生影响，因此在制作计划图时也需要把这个考虑进去。

5.4.8 【基础设施集成测试】基础设施性能测试

[对象]

　　基础设施性能测试主要是由基础设施搭建负责人通过以下步骤来完成的。

◎基础设施性能目标的定义

　　基础设施性能目标定义中包括吞吐和并发度等目标的定义。由于定义时应用程序还没有完成、信息不全，因此一般会定义一个比预想的值更大的值。

◎性能评价指标的定义

　　基础设施性能目标有两个作用：一是提前检测运行预想的应用程序时是否有足够的性能；二是确认基础设施本身是否能达到其所宣称的性能。在这一点上，根据情况可能会使用远超过应用程序的性能目标的值来进行测试。

　　具体项目包括网络传输量、磁盘 I/O 的吞吐、LB、Web 服务器的处理性能等。

◎性能测量手段的设置

　　作为基础设施性能测量的手段，既可以使用应用程序的压力测试工具，例如 Oracle Application Testing Suite ，也可以使用各种专门的工具（表 5.4）。

表 5.4　基础设施性能测量中使用的工具

项目	使用的工具
网络传输量的调查	iperf、wget、ftp 等，大规模的案例中可能会使用硬件型的网络负载生成设备
网络连接生成数的调查	使用 Oracle Application Testing Suite 或者硬件型的网络负载生成设备
磁盘 I/O 的吞吐	生成负载使用复制命令（顺序访问，Sequential Access），随机 I/O 使用 iometer。在 Linux 等中测量使用 iostat，在 windows 等中测量使用 perfmon 的 Physical Disk 项目
TCP 连接、HTTP 连接的生成	使用 Oracle Application Testing Suite 或 Apache Bench（apache license）这样的工具。在超大规模环境中，也可能会使用硬件型的负载生成设备

◉ 性能测量

在负载生成的时候，并不仅仅测量这个负载和吞吐的上限值，还要测量其他的相关资源来获取信息。在后面对应用程序进行性能测试的过程中，在定位瓶颈时可能会用到这些信息。如果没有事先获取以上信息，在后期就要再次进行同样的工作，这就可能会导致项目延期。

基本的测量项目

以下几项是基础设施性能测试中调查性能不足的原因时所必需的，但基本上都不能立刻用上，可以理解为是后面的工程中需要的。

- CPU 使用率（linux: idle、user、sys、wio、st；Windows: user time、kernel time）
- 中断和系统调用的发生率（int、call）
- 磁盘繁忙度
- 网络详细统计（例如 netstat。不管是 windows 还是 Linux，都可以使用这个命令来掌握详细的统计信息）
- 服务器进程的内存使用量
- 服务器自身的内部统计报告

5.4.9 【集成测试】多并发运行测试

[对象]

在性能测试实施前的集成测试阶段，容易忘记检验多并发运行时的运行情况。这个虽然不是性能测试而是功能测试，但如果没有进行这个测试，往往就会在后面工程的性能测试阶段出现问题，调查原因后发现是功能上的问题，然后就需要进行修正。检查的项目如下所示。

- 多个线程执行时是否能保持个别的处理流程（保持一致性）
- 在进行多个处理时是否会混入其他处理的数据（数据混入）
- 使用同一个用户 ID 同时登录时或者使用不同的用户 ID 登录时，运行是否正常
- 是否会因为缓存等错误操作，使得前面的用户 ID 或输入值、设置值等影响下一个用户（数据污染）
- 同时执行数较少的时候，是否会引起 CPU、内存或磁盘的大量资源消耗（资源过度消耗）
- 流量控制与超负载时的异常处理是否正常
- 超时功能是否能正常运行

5.4.10 【系统测试】压力测试、临界测试、耐久测试

[对象]

如前所述，根据目的的不同，性能测试可以分为很多种类型，而且实施的优先顺序也不同。详细内容请参考前面的小节。

5.4.11 【运维测试】性能监控测试、故障测试

[对象]

在系统的运维测试中,有很多个测试可以沿用性能测试的方法。

◉ 性能监控测试

从性能监控的观点设置系统的阈值,或者具有生成性能测试报告的功能的情况下,可以施加一定的处理负载来对这些功能进行验证。至于如何施加这个负载,使用性能测试的负载生成方法比较有效。

有两种情况:在进行性能测试的时候一起确认或者与性能测试分开确认。一起确认的情况下,由于设置了出现高负载就发出警报的功能,因此可能会发出大量的警报。如果这样没有问题,可以一起确认。

◉ 故障测试

为了确认只有在高负载时才会发生的故障,可以使用性能测试的方法来施加负载,如下所示。

- 在高负载时发生故障迁移(Fail Over)
- 在高负载时执行拔下网线等操作,确认故障时的情况
- 验证高负载时停止、重启实例的情况以及所需要的时间

5.4.12 【交付】性能测试结果的验收报告

[对象]

普通的测试结果报告书与性能测试结果报告书在内容上有很大的不同。普通的测试结果报告书是使用〇 × 来确认执行结果,将 × 的地方作为 bug,并新建一个 ticket,让程序员修正。而在性能测试结果报告书中,则要记录下测试时达到的数字,并进行综合评价。

下面列举了性能评估报告书中必须记录的几点内容。

- 性能是否达到了能够发布的水平（结论写在最前面）
- 能够证明以上结论的全部性能相关的数值
- 作为上面的补充信息，记录在什么样的场景下执行了什么样的测试，那个时候的吞吐、响应及并发度的变化情况
- 记录那个时候系统资源的使用率
- 记录错误信息以及考察出错原因的过程
- 记录这个系统的性能瓶颈在哪里
- 说明从测试结果得出的调优方面的关键点及其机制
- 记录在运行时性能方面需要注意的地方

5.4.13 【运维】初期运行确认

[对象]

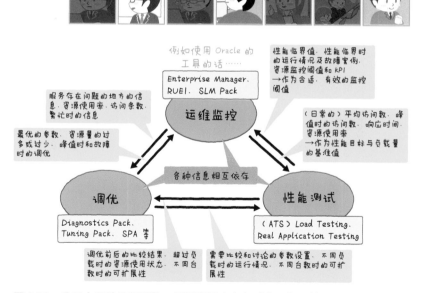

图 5.20 为了合理地进行预估，需要积累在各领域来回操作的经验

那些在性能测试中确定其性能已达到可以发布的水平的系统，如果在实际发布后没有达到预期的负载和资源使用率，就必须重新审视测量结果，否则在运维时可能就会产生意想不到的性能故障。在运维初期，建议基于下面的观点来检查系统性能。

"在预计的数据量以及使用条数下，与测试的时候相比，平均响应时间是否相同、资源使用率是否相同。"

为了进行这个检查，也需要在性能测试与运维时使用相同的评价标准和观点进行性能测量。

5.5 性能测试的课题与必要的技巧

到这里为止，本章介绍了实际的性能测试中必要的工程和测试的种类。最后让我们来看一下在实际进行性能测试的过程中可能会碰到的课题及应对技巧。

5.5.1 性能预估能力

下面介绍一下预估性能时需要的能力。

◉检查 RFI/RFP 的遗漏

近年来，在系统企划提案阶段，一般会根据 RFI 和 RFP 确定以怎样的规模和结构来搭建一个怎样的系统。虽然性能在其中被定义为非功能性需求，但是在系统企划阶段定义的需求会影响到后面的性能测试和发布判断，是非常重要的。因此，对于性能测试来说，准确的 RFI、RFP 和提案书是必不可少的。

另外，对于发包方来说，为了确保最后拿到的系统的性能，也必须定义合适的性能需求。

请特别注意如下项目。

- **是否定义了响应时间的需求**
- **是否定义了吞吐的需求**

- 是否定义了同时使用数的需求
- 是否定义了回退时或批处理运行时性能的服从率

◉ **数据不足时如何确定性能目标**

如果系统在更新之前实际运行过，那么在更新时就会预估将来的使用数会增加到现在的多少倍，然后将倍数与现在的数值相乘，来确定系统的容量和性能目标等。

如果是新发布的系统，可能就没有这些使用数的相关数据。在这种情况下，要计算将来会增加多少就很困难。不过，制作一个类似于前面介绍过的"基础设施性能测试的性能目标"那样的模型，就可以得到与实际接近的结果了。

◉ **与性能相关的参数设计做到什么程度**

在瀑布流的开发中，如果出现工程返工的情况，就会导致计划延迟或变更，因此要尽量避免。在这个观点下，最困难的就是性能相关参数的设计。参数设计是在详细设计阶段和基础设施设计阶段进行的，而至于这个性能参数实际上是否合适，则是在系统测试阶段的性能测试和临界测试中验证的。在这个测试阶段往往会进行参数的修正。这可以称为工程的返工，不过也是必要的修正工作。如果把工程返工当作一个课题的话，需要从下面两类中选择其一。

① 以之后会再次修正参数为前提定义项目工程

在瀑布流的开发工程中加入以下步骤。

- 事先进行原型性能测试
- 基础设施初步搭建后进行基础设施临界测试
- 在系统测试之前进行临界测试
- 在系统测试过程中进行参数验证测试
- 调整参数后再体现到设计工程上

② 仅使用曾经使用过的要素进行设计

要想成功完成瀑布流的开发，需要注意的一点是不要使用在系统架构中没有使用过的要素。以下项目中，没有使用过的就不要使用。

- 硬件
- 软件（包含未使用过的版本和参数）
- 数据量
- 用户访问量以及模式
- 拓扑

只使用之前使用过的要素，这样就可以搭建无论是性能方面还是其他方面都不需要返工的系统。但是如果遇到了无法完全凭借以往经验进行推进的情况，就需要修正前面的参数，进行返工。

◉ 在项目企划和开始阶段设计、修改性能参数的指针

应该在项目内部达成一致，以此为前提来安排任务和计划等。

5.5.2　高效的反复实施能力

接着介绍一下在反复实施测试的时候如何提升效率。

◉ 分析瓶颈、调优、报告与审核、再次测试所需的时间

关于实施性能测试所需要的时间，我们来看一个例子。如表 5.5 所示，这里给出了使用 Oracle ATS 等工具和没有使用这些工具的情况下分别需要的时间。

表 5.5　试算模型举例（单位：人日）

工作	每一条的工作时间（未使用 ATS）	每一条的工作时间（使用了 ATS、FBDB、Masking、Enterprise Manager）	预计的标准实施条数	未使用 ATS 的合计时间	使用 ATS 的合计时间
测试设计	8	8	1	8	8
搭建压力测试环境	5	1	1	5	1
准备测试应用程序、数据	12	5	2	24	10
生成测试场景	3	1	3	9	3
检查压力测试实施的结果	2	1	2	4	2

（续）

工作	每一条的工作时间（未使用ATS）	每一条的工作时间（使用了 ATS、FBDB、Masking、Enterprise Manager）	预计的标准实施条数	未使用ATS的合计时间	使用ATS的合计时间
实施压力测试场景	0.5	0.125	12	6	3
分析压力测试结果	2	0.5	12	24	6
调优	0.5	0.5	4	2	2
实施临界测试	4	1	3	12	3
实施耐久测试	5	5	2	10	10
制作报告资料	8	4	1.5	12	6
报告	3	1	2	6	2
合计				118	56

表 5.5 仅仅是一个例子，实际上根据目标应用程序、环境、项目的推进方式、项目人员的能力等的不同，所需的时间也会有所差别。

在项目中，如果软件方面的经费不足但人员和时间比较充裕的话，可以不采购用于性能测试的软件产品，而使用自己制作的工具来进行性能测试。以表 5.5 为例，其盈亏平衡点就是 118 − 56＝62 人日。

5.5.3　Oracle Application Testing Suite 的使用效果

如前所述，使用性能测试专用工具可以大幅提高性能测试的效率。下面以 Oracle ATS（Oracle Application Testing Suite）为例，介绍一下其性能测试的功能。可能有宣传笔者自己公司产品的嫌疑，但围绕这个工具所介绍的各个要点，正是实际执行性能测试的过程中比较费事的部分，因此大家可以把这部分内容作为参考，来了解一下实际使用时可能会出现哪些问题。

◉ Oracle ATS 的概要

Oracle ATS 具有如下特点。
- 通过 GUI 生成简单的脚本

- Cookie 和 HTML 内的会话数据会自动变成参数
- 从用户视角进行错误检查
- 无代理程序收集 OS/AP/Network 等性能数据
- 简单明了的分析图
- 支持 HTTP(S)/SOAP

从用途上来说，它在以下几种情况下可以派上用场。

- 从开发的早期阶段就想要简单地进行性能测试
- 想要排查出导致响应时间变长的服务器
- 不想遗漏意料之外的错误画面
- 除了 PC 外，也要测试手机或专用设备的应用程序
- 希望不用向服务器导入模块就能测量性能
- 想要在测试时有效地导入大量数据

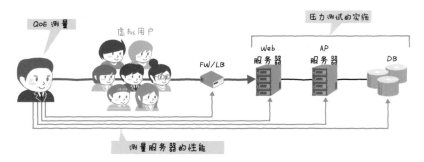

图 5.21　Oracle ATS

Oracle ATS 的性能测试功能 Load Testing 可以提高性能测试的效率。

◉ 正确测量页面响应时间

由多个框架（Frame）组合而成的页面的请求同时进行的话，在后台服务器上生成的访问强度与实际的浏览器的强度是相同的。

◉ 根据测试规模进行横向扩展

能够根据负载条件灵活配置控制器与代理。

控制器具有控制代理、获取性能信息、生成报告等功能，代理具有

同时向 Web 服务器进行访问的功能。另外，还能将代理访问从多个据点进行分散。

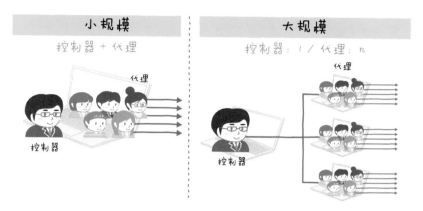

图 5.22　大规模压力测试的应对（分布式代理）

◉ 方便把用户操作场景脚本化

生成脚本的时候不需要写代码。就像使用浏览器那样操作想要进行测试的页面迁移，就能够自动保存 URL、请求字符串、POST 数据、Cookie 等信息。也支持使用 Java 代码来进行脚本的扩展。

◉ HTTP 会话的自动识别与重现

Web 应用程序通过会话进行管理，如果多个用户使用同一个会话 ID，或者会话失效，那么就会出错。Oracle ATS 的 Load Testing 能够自动处理 Cookie/URL/HTML 中嵌入的会话 ID，保证发送正确的请求。

Oracle ATS 的 Load Testing 也针对 Oracle WebLogic Server、Oracle Application Development Framework、Microsoft ASP.NET 等很多通用的 Web 开发环境进行了优化。

◉ 通过有变化的数据实现性能测试

Oracle ATS 的 Load Testing 能模拟同时访问不同数据的场景。具体来说，使用 CSV 文件或数据库中定义的数据，让各个虚拟用户使用不同的输入数据和验证数据。该功能还提供了连续、随机、打乱顺序等多种多样的重放方式。

图 5.23　数据驱动型的压力测试（数据仓库）

◉ **发现潜在的错误**

即使页面响应时间或者服务器的性能没有问题，也有可能显示出并非用户期待的内容。当服务器的负载变大后，请求可能会被转发到"现在服务器很忙"等 Sorry Server 上。

Load Testing 不仅能处理 Web 服务器的响应代码（4×× 、5×× ），还能从用户的角度来检查内容（HTML）是否正确。能够实时确认错误信息，便于追踪问题。

◉ **支持变形与高效组合**

Groupware 等认证后会话保持时间较长的应用程序，能定义为只反复进行业务处理的页面迁移。如果认证本身或者登录后显示的门户页面负载很大，可能需要专门测试登录和退出。

Load Testing 中能通过组合多个脚本来生成用户自定义描述（Profile），这样即使是简单的反复登录的流程，也能很方便地验证。

图 5.24　只反复进行登录处理（用户自定义描述）

◉整体把握系统的资源状态

能够监控各种应用程序、数据库、系统、网络设备等资源信息，不需要对目标系统引入代理等。可以监控的资源如下所示。

- Windows OS（Perfmon）
- Solaris/Linux（Telnet/SSH）
- AP 服务器（JMX/SNMP）
- 网络设备（SNMP）
- DB（SQL）
- Web 页面（URL）
- Ping、COM＋等

◉快速生成瓶颈分析报告

把响应时间、错误发生率、用户数以及命中数 / 秒、页面数 / 秒等内容制作成报告或图表输出。由于能把多个测试结果汇总到一个报告中，因此能方便地进行调优前后的比较。

图表可以导成 Excel、CSV、JPEG、PNG 等形式。

◉从分析到查找瓶颈原因都能用此工具

该工具提供了对 Oracle Enterprise Manager 12c[1] 的访问，Oracle Enterprise Manager 12c 会进行数据库和 Java 应用程序的详细的性能分析。

---

[1]　需要 Oracle Enterprise Manager 12c 的许可证书。

◉对 DB 进行性能测试

支持对 Oracle Database 进行压力测试。能够生成直接访问 DB 层的脚本，通过脚本能完成以下操作。

- 执行 DDL、DML
- 执行 PL/SQL
- SQL 行数计数测试
- 通过 Java API 进行扩展
- Oracle Real Appliation Testing

另外，还能通过 Load Testing 的数据库重放（Database Replay）把捕获到的事务日志或者自定义 SQL、PL/SQL 脚本导入进去。

◉对 Web 服务进行性能测试

使用 WSDL 管理器，可以导入并保存 Web 服务定义文件。除 OpenScript 以及 Oracle 服务器之外，也支持 Apache AXIS、.Net 服务器等各种 WSDL 服务器。

不仅支持 SOAP 1.1、1.2 协议，也支持发送 DIME、SWA、MTOM 等二进制文件。

*　*　*

以上介绍的这些功能并非凭空而来的，实际上是在很多开发环境中进行性能测试后，确认需要这些功能后才进行实现的。从了解进行性能测试之前的难点这一层意义上来看，这也具有很大的参考价值。

希望各位读者能以本书为参考，进行充分的测试准备与计划，并顺利实施性能测试。

第6章

虚拟化环境下的性能

6.1 │ 虚拟化与性能

本章将对采用了虚拟化技术的系统环境（后文简称"虚拟化环境"）中的性能管理进行说明。

近年来，服务器的虚拟化技术已经逐渐普及，在搭建系统时，需要考虑虚拟化的情况日益增多。在虚拟化环境中，多个 VM（虚拟机）运行在一台服务器上，因此可以更加有效地共享资源，有利于削减成本。而反过来，若资源被共享过度，则会发生竞争，可能导致性能的下降。因此，在资源效率和性能之间取得平衡就变得尤为重要。

另外，虚拟化环境与物理环境在架构上有所不同，因此抓住虚拟化所特有的考虑要点也是非常重要的。

本章我们将对以下几点进行说明。

- **虚拟化技术的概要**
- **虚拟化环境下性能分析的要点**
- **虚拟化基础设施的性能分析方法**

【注意事项】

　　本章将对服务器虚拟化的相关知识进行讲解。网络虚拟化、存储虚拟化不在本章讲解的范围内。笔者主要从管理者的角度来讲述有关性能管理的事项，因此面向的读者是从事虚拟化环境以及私有云的设计、搭建及运维等相关工作的人士。

　　本章会介绍多种虚拟化产品，并以 VMware vSphere（后文简称 vSphere）为具体例子来说明详细功能。至于其他宿主机（Hypervisor），请参考各家供应商的公开信息。

　　另外，关于 vSphere，这里主要围绕性能相关的内容进行说明。至于其架构、设计以及整体运维等，请参考《VMware 彻底入门 第 3 版 支持 VMware vSphere 5.1》[①]。

---

① 原题为『VMwar 徹底入門 第 3 版 VMware vSphere 5.1 対応』，目前尚无中文版。——译者注

6.2 ‖ 虚拟化的概要

在介绍虚拟化环境的性能之前，我们先来简单介绍一下虚拟化技术。已经对虚拟化有所了解的读者可以直接进入到 6.3 节。

6.2.1 什么是服务器虚拟化

服务器虚拟化是指在一台物理服务器上运行多台虚拟服务器（VM）。通过在各个 VM 中分别运行 OS（Guest OS），即可在一台物理服务器上运行多个应用（图 6.1）。

在虚拟化环境中，物理服务器上的 CPU 与内存等资源都将由多个 VM 共享。不过，各个 VM 本身在虚拟化的架构下是相互独立的，因此各个 OS 都误以为自己是在一个独立的物理服务器上运行。由于各个 VM 完全在独立运行，因此只要其行为不影响实现虚拟化的软件（虚拟机监控器，VMM），就不会影响到其他的 VM。

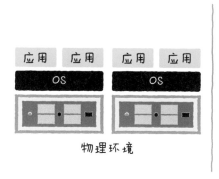
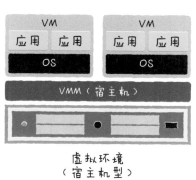

图 6.1 物理环境与虚拟环境

虚拟化主要有以下几个优点。

● **提高资源效率、削减成本**

以往在空闲时间会有大量的 CPU 与内存等资源产生盈余，而虚拟化可以将这些盈余的服务器资源分配给多个 Guest OS，从而对其进行更有效的使用。像这样通过整合多个服务器，减少物理服务器的台数，可以降低服务器及其周边设备的费用，以及电力、空间、时间等成本。

- **提高系统灵活性**

在以往的物理环境中，维护服务器时需要停止服务器。而在虚拟化环境中，则可以将 VM 在线转移到别的物理服务器上，所以维护服务器的时候也不需要停止 VM，可以大幅减少维护时的系统停止时间。

另外，VM 的实体其实是少量文件。只要将这些文件复制并保存，即可进行系统转移、备份以及恢复工作，而且这些工作比在物理环境中更容易进行。

- **提高可用性**

通过虚拟化软件标准的集群功能，可以在物理服务器以及 VM 发生故障时自动启动 VM 的故障迁移或者进行重启。在物理环境下也一样，将服务器冗余化，并导入集群软件，就可以使得物理服务器在发生故障时进行故障迁移，但是其成本相对较高，架构也复杂，可能会比较难以管理。实现虚拟化之后，通过使用标准化功能，可以降低成本，便于管理，提高可用性。

6.2.2 虚拟化的种类

在这里笔者要再啰嗦一下，VMM 就是指在一台计算机上生成并运行多个 VM 的软件。运行 VMM 的方式有"Host OS 型"和"宿主机型"两种（图 6.2）。

Host OS 型是指在 Windows 以及 Mac OS、Linux 等 OS 上安装虚拟化软件，在此之上生成并运行 VM 的方法。

而宿主机型是指在硬件的 BIOS 上直接启动虚拟化软件（宿主机），在此之上运行 VM 的方法。由于不存在物理服务器 OS，可通过宿主机直接控制硬件，因此与物理服务器 OS 型相比，宿主机型的优点是可以把 Guest OS 运行速度的降低控制在最小程度。从这一点来说，在追求性能的企业系统的服务器虚拟化中，大多采用宿主机型。

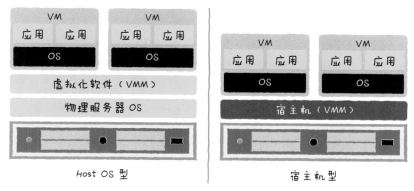

图 6.2　Host OS 型和宿主机型

宿主机型又可以分为完全虚拟化和半虚拟化这两种方法（图 6.3 ）。

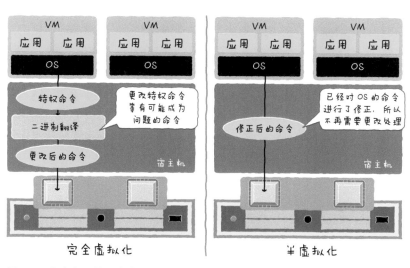

图 6.3　完全虚拟化和半虚拟化

完全虚拟化是指将 Guest OS（VM 上安装的 OS）发出的特权命令等特殊命令通过宿主机的功能进行更改，以使 VM 正常运行的机制。VM 在宿主机上运行的情况下，根据 CPU 的机制，是无法发出特权命令的。

即使发出了特权命令，也会导致异常，无法被正确处理。但是，VM 自身并不知道自己是在宿主机上运行的，因此会与在物理环境下一样发出特权命令。

除了特权命令以外，还有一些命令是宿主机上的 VM 不能直接执行的。将这些"有可能会引发问题的命令"通过宿主机的功能（二进制翻译，Binary Translation）进行更改，就可以使 VM 正常运行。有了这个更改命令的功能，就不必再对 VM 上运行的 Guest OS 进行特别的修正，可以让其直接运行。

而半虚拟化并不是通过宿主机来更改"有可能会引发问题的命令"，而是使用将命令改写为了可以在宿主机上正常运行的命令的 OS。也就是说，使用专门为虚拟化环境进行了调整的 OS 作为 Guest OS。这样就不会出现更改命令的处理，所以和完全虚拟化相比系统开销更少，可以更高速地运行 VM。

但是，因为针对半虚拟化的 OS 非常有限，而且最近在硬件层面正在引入抑制虚拟化的系统开销的架构（参考专栏"硬件辅助虚拟化"），比如硬件性能提升、硬件辅助虚拟化等，因此现在的主流仍然是完全虚拟化。

同时，因为 KVM 以及 Hyper-V 需要以支持硬件辅助虚拟化的 CPU 为前提，所以当前阶段完全虚拟化是主流。在本章的后续内容中，我们也将以完全虚拟化为前提进行说明。

COLUMN

硬件辅助虚拟化

在不更改 OS 的前提下，在 X86 平台上实现虚拟化的情况下，以往 CPU 的命令更改以及内存管理、IO 处理等操作都是在 VMM（宿主机）上进行的，所以系统开销的增加也是无法避免的事情。

但在近年来的 CPU 中，为了减少虚拟化的系统开销，CPU 厂商 Inter 以及 AMD 等都在逐步实现通过硬件来支持虚拟化必要处理的功能（Hardware-Assisted Virtualization，HAV）。

表 A　主要的硬件辅助虚拟化功能

硬件辅助虚拟化功能	Inter	AMD	功能、效果
CPU	VT-x	AMD-V	提高命令切换的速度
内存	EPT	RVI	提高内存处理的速度
I/O 设备	VT-d	AMD-Vi	VMDirectPath I/O
NIC	VT-c	—	NetQueue

　　在搭建虚拟化环境的时候，请注意要选择带有硬件辅助虚拟化功能的 CPU。CPU 的性能每年都在提升，所以即便都是搭载了硬件辅助虚拟化功能的 CPU，也要尽量选择新的。另外，在 BIOS 以及宿主机中需要打开这个功能，这一点请注意。

6.3 ‖ 服务器虚拟化的主要技术（过载使用）

　　与物理环境相比，虚拟化环境最大的优势就是可以有效使用资源。在物理服务器可以承受的范围内给 VM 分配 CPU 和内存，仅是这一点，与物理服务器设置混乱的情况相比，资源利用率也能够得到一个很大的提升。

　　但是，如果能在物理服务器上创建多个 VM，使得分配的 CPU 和内存的总量超过物理服务器本身的搭载量，就可以实现更高的资源使用效率了。这种把超过物理服务器的资源分配给 VM 的方法称为"过载使用"（Overcommit）。而搭建资源使用率较高的虚拟化环境的目标，就是尽可能地减少对性能的影响，实现这个过载使用。

　　那么，接下来我们就来说明一下可实现过载使用的宿主机的功能。

6.3.1　CPU 的虚拟化技术

　　首先，我们来了解一下 CPU 所具备的虚拟化技术以及由此可以实现的宿主机的功能。

◉给 VM 分配虚拟 CPU

在宿主机中，在给 VM 分配 CPU 时，一般是将逻辑 CPU 作为 1 个虚拟 CPU 来分配的。这里我们一起来看一下逻辑 CPU 到底是怎么回事。

CPU 的数量单位有"插槽""核""线程"等（图 6.4）。插槽代表的就是 1 个物理 CPU。而有的物理 CPU 上会搭载多个核，核就是进行工作（计算）的脑袋。若有 2 个各自搭载了 2 个核的 CPU（插槽），我们就可以说这个服务器搭载了 4 个核。

而 CPU 的核并非一直都在工作，有时可能会因为等待信息的传递等而出现等待时间。有一种技术可以通过有效运用这个等待时间，使得第 2 项工作可以同时并行执行,该技术称为"超线程"（HyperThread）[①]。通过灵活应用超线程，就可以将 1 个核分割成被称为线程的 2 个执行单位，而从逻辑上来说，OS 就可以当作有 2 个 CPU 核。不过说到底这也只是有效利用等待时间而已，严格来说并非是变成了 2 倍，实际上可以认为大概是 1.2 倍，这一点还请注意。

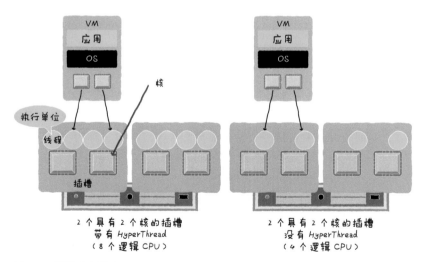

图 6.4　插槽和核线程

若在服务器上搭载了 2 个支持超线程的 2 个核的物理 CPU，就可以

---

① 关于超线程的机制和原理请参考第 2 章。

让 OS 认为有 8 个逻辑 CPU 了。

这个逻辑 CPU 的执行单位（线程）即是可以分配给 VM 的 1 个 CPU。

◉虚拟 CPU 的过载使用

如前所述，在虚拟化环境下会以逻辑 CPU 为单位分配虚拟 CPU 给 VM，所以在 1 个物理服务器上运行的 VM 的虚拟 CPU 的总量可能会超过服务器上的逻辑 CPU 数，这样的分配方式就称为"CPU 的过载使用"（图 6.5）。

严格来说，即使是在打开超线程，并以线程为单位分配虚拟 CPU 的状态下，虚拟 CPU 的数量也会超过物理 CPU，所以也可以说是过载使用状态。

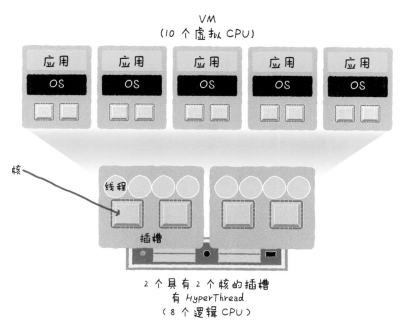

图 6.5　CPU 的过载使用

下面我们来说明一下 CPU 的过载使用为何是可能的。

与 OS 向应用分配 CPU 一样，向 VM 分配 CPU 是由调度器完成的，调度器遵循一定的规则向 VM 分配逻辑 CPU（调度器的分配方法会根据宿主机以及版本的不同而有差别）。

vSphere 会以几十毫秒为单位给 VM 分配逻辑 CPU（图 6.6）。由于并非所有的 VM 都在一直使用着 CPU，因此根据 VM 的要求，可以切换为以几毫秒为单位进行 CPU 的分配。这样一来，CPU 的过载使用就成为了可能。

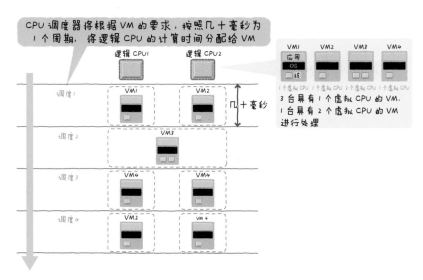

图 6.6　VM 的调度（vSphere 的情况）

6.3.2　内存的虚拟化技术

接下来我们将介绍内存所具备的虚拟化技术以及由此可以实现的宿主机的功能。

◉为 VM 分配内存

根据宿主机的不同，为 VM 分配内存的方式也有非常大的差异。主要来说可以分为两种方式：一是只分配 VM 正在消耗的内存量；二是将

VM 所拥有的所有内存都进行分配（图 6.7）。

前者的情况下，由于分配给 VM 的内存量和实际上宿主机分配的内存量不一样，因此可以提高内存效率，但另一方面，则不容易计算实际使用的内存量。后者的情况下，由于物理 OS 分配的内存量和宿主机分配的内存量一样，因此内存效率上可能会打折扣，但是相对来说容易管理。

根据这两种方式的特点的不同，后面我们将要说明的内存过载使用的运行情况也会有所不同。

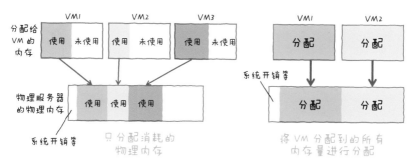

图 6.7 VM 的内存分配方式

◉ 虚拟内存的过载使用

在虚拟化环境中，也可以分配超过服务器的物理内存量的虚拟内存（内存的过载使用）。这个架构根据宿主机的不同也不太一样，但大体上会有以下几个功能。

排除重复

所谓排除重复，就是在同一物理服务器上存在同一内存页的时候，共享这个页，以节省内存使用量。在同一服务器上运行多个相同的 OS 的情况下，OS 的内核部分的内存页会有所重复，所以这个功能特别有效。vSphere 以及 Xen Server 中都实现了这个功能。在 vSphere 中，该功能称为 "透明页共享"（Transparent Page Sharing，TPS）。

近年来，越来越多的 OS 开始标准采用大页面（Large Page）的方式。所谓大页面，就是内存的每个页的尺寸（页面尺寸）较大。大页面无效的情况下，一般的页面尺寸是 4 KB；而大页面有效的情况下，则会达到 2 MB。考虑到内存页重复的可能性比以往更低，有一些宿主机就干脆不实现这个功能了。vSphere 也一样，在大页面有效的 OS 下，这个功能就难以起到作用了。

比如虚拟桌面等，在大量搭载了同一 OS 的 VM 在同一物理服务器上运行的情况下，有时会特意将大页面关闭，以实现内存的共享。

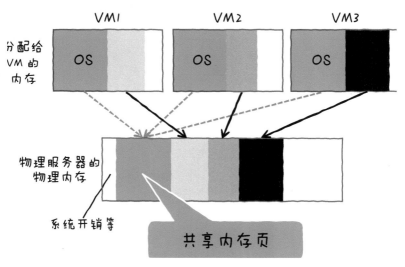

图 6.8 内存重复排除功能

回收

回收（Ballooning）是指当在物理服务器上 VM 发出追加内存分配的要求时，从同一服务器上运行的其他 VM 中回收内存页，并将回收的内存进行分配的机制。有多台宿主机实现了该功能。

不过，根据宿主机的不同，方式也各式各样。有些在内存的融通范围上有预先设定上限或下限，也有一些是没有的。而在向 VM 分配内存的时候，有的是均一分配，有的则是根据 OS 使用的内存量进行动态分配等。具体请确认一下正在使用的宿主机的规范。

在 VMware vSphere 中，该功能称为"气球功能"，其运行情况如下所示（图 6.9）。

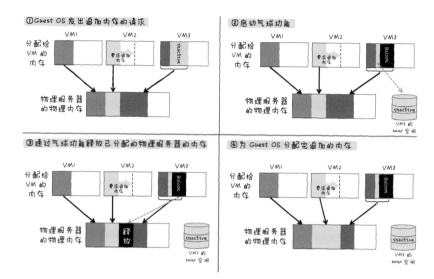

图 6.9 回收（气球功能）的运行（vSphere 的情况下）

一旦 VM 要求追加内存，气球功能就会启动。物理服务器上存在工作负载比较低的 VM，而在这个 VM 上会有较多闲置的（Inactive）内存空间（①）。在这种情况下，就可以通过气球驱动从这个 VM（图 6.9 中的 VM3）中闲置的内存空间里回收内存（②）。

因为是从闲置的内存空间里回收内存的，所以不会产生频繁的分页。因此，在回收闲置的内存时，可以说对 VM 的性能影响不大。但是，如果需要通过气球功能回收很多的内存，连非闲置状态（Active）的内存都要进行回收，那么就有可能频繁发生分页，对性能产生较大的影响，这一点需要注意。

为了使通过气球功能回收的内存不会成为分页的对象，要进行固定，释放物理服务器的物理内存，确保空闲的内存空间（③）。将空闲的空间分配到要求追加内存的 VM（图 6.9 中的 VM2），就可以完成回收处理了（④）。

要执行气球功能，需要在 Guest OS 中导入气球驱动。气球驱动可以通过在 OS 上安装 VMware Tools 来导入。

Swap

Swap 是指在物理服务器上产生给 VM 追加分配内存的要求时，将其他 VM 上优先等级较低的内存页在磁盘上进行 Swap Out，并将空出来的内存页进行分配的功能。

由于 VM 无法认识到已经发生了 Swap Out，因此每次访问该页面的内存时，都将重复进行 Swap In 和 Swap Out，从而就可能对性能产生较大的影响。

在 vSphere 中，该功能称为 VMkernel Swap，其运行情况如下所示（图 6.10）。

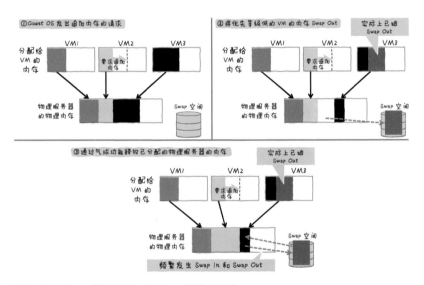

图 6.10　Swap 的运行（vSphere 的情况下）

当 VM 产生追加内存的需求，但通过回收或其他功能无法确保内存的情况下，Swap 功能就会启动（①）。将优先等级比较低的 VM（图 6.10 中的 VM3）所分配到的内存空间 Swap Out，确保空闲的内存空间（②）。通过 Swap 将空闲的空间分配到要求追加内存的 VM（图 6.10 中的 VM2），这样 Swap 处理就完成了（③）。

而成为 Swap 对象的 VM（图 6.10 中的 VM3），由于所需要的内存空间有一部分被保存到了磁盘上，因此会发生频繁的 Swap In 和 Swap Out，导致性能严重下降。

其他提高内存效率的功能

vSphere 中有"内存压缩"这样一项功能。内存页的压缩、解压都是在内存上实施的，相对于通过磁盘进行 Swap，对性能的影响会小得多。因此，为了尽可能地避免 Swap，实现了内存压缩功能（图6.11）。

当 VM 产生追加内存的需求，并且通过回收无法确保足够内存的情况下，就会运行内存压缩功能（①）。将优先等级低的 VM（图 6.11中的 VM3）所分配到的内存空间进行压缩，并存放到物理服务器的物理内存上的压缩缓存空间中（②）。然后把通过内存压缩空出来的空间分配给发出请求的 VM（图 6.11 中的 VM2），压缩处理就完成了（③）。

如果要访问被压缩的内存空间，就需要在物理服务器的物理内存上进行解压。因此，如果非闲置状态的内存空间成为压缩对象的话，就会或多或少地导致性能下降，不过没有 Swap 严重。

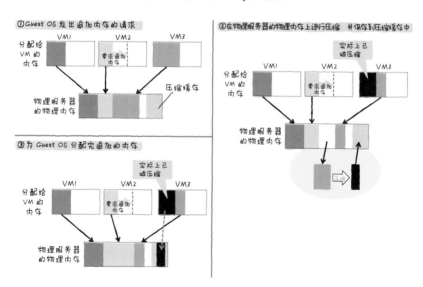

图 6.11 内存压缩的运行（vSphere 的情况下）

* * *

以上我们对实现内存的过载使用的几项功能进行了说明，这里我们来总结一下，如表 6.1 所示。

这些功能根据物理服务器的内存剩余量被触发启动，随着内存剩余量的减少，按照回收→内存压缩→ Swap 的顺序启动运行。在 vSphere 4.1 之前，如表 6.1 所示，物理服务器的空闲内存的比例是一个固定的阈值。但是，近年来随着服务器搭载的物理内存越来越大，例如 128 GB 的内存，它的 6% 就是 7.78 GB。也就是说，这样一个非常大的数值成为了触发气球功能的阈值。因此，从 vSphere 5.0 开始采用了名为 sliding scale 的架构，它可以根据物理服务器的内存大小计算出合适的阈值。有关此内容，请参阅 VMware 公司的技术文档[①]。

表 6.1 实现内存过载使用的功能（vSphere 的情况）

功能	发生时间（*）	概要	性能影响	备注
透明页共享	时常	VM 之间共享重复的计算机内存页，并将重复的部分删除	无	—
气球功能	物理服务器的空闲内存降到阈值以下的时候（到 4.1 版本为止是 4%~6%）	从拥有相对充裕的内存的 VM 回收内存，并分配到其他 VM	小	会优先回收闲置的内存空间，所以比内存压缩和 Swap 成本低
内存压缩	物理服务器的空闲内存降到阈值以下的时候（到 4.1 版本为止是 2%~4%）	对 VM 的内存空间进行压缩，确保空闲的内存量，并分配到其他 VM	中	当非闲置页成为压缩对象时，速度会有所下降，不过通过压缩缓存进行的话，比 Swap In 的成本低
Swap	物理服务器的空闲内存降到阈值以下的时候（到 4.1 版本为止是 2% 以下）	将 VM 的内存空间 Swap Out 到 Swap 专用的文件夹以确保空闲的内存量，并分配到其他 VM	大	当非闲置页成为 Swap Out 的对象时，速度会有所下降。由于会产生磁盘 I/O，因此成本最高

[①] Mem.MinFreePct sliding scale function
http://blogs.vmware.com/vsphere/2012/05/memminfreepct-sliding-scale-function.html

6.4 虚拟化环境下性能的相关知识与分析方法

在了解了服务器的虚拟化技术之后，接下来我们进入正题，看一下虚拟化环境下性能的相关知识、主要的分析方法以及处理方式。

6.4.1 性能分析的工具

在进行性能分析的时候，需要使用工具来采集分析时所需的信息。虚拟化环境下的性能分析需要使用以下工具，这些工具与物理环境下的性能分析工具没有太大的差异。

- **性能实时显示工具**

这种工具可以每隔一定的时间就实时显示当前的性能状况。因为显示的是实时信息，所以优点是可以捕捉到瞬间的性能状况[1]。但反过来说，因为显示的只是某一瞬间的信息，所以缺点是无法把握从过去到现在的变化情况。

vSphere 中的 esxtop 命令就属于这种工具（图 6.12）。

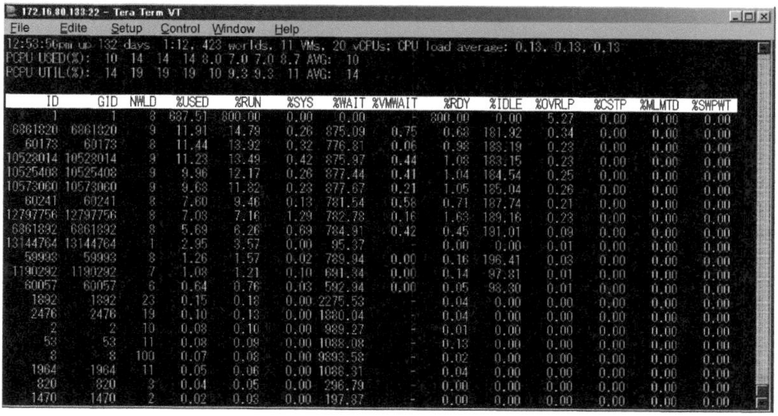

图 6.12 esxtop 命令的执行页面

---

[1] 第 2 章介绍的快照形式的信息。

● **性能图表**

性能图表（Performance Chart）是可以将性能的变化情况以图表形式展示出来的工具。因为是图表形式，所以优点是可以直观地看到从过去到现在的性能的变化情况。不过，由于展示的只是指定时间内的概要数据[①]，因此需要注意无法获取某一瞬间的性能信息。

在 vSphere 中，vSphere 性能图表就属于这种工具（图 6.13）。

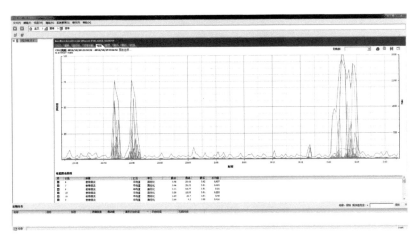

图 6.13　vSphere 性能图表

6.4.2　CPU 的性能管理

首先来介绍一下有关 CPU 的性能。

◉**影响 CPU 性能的因素**

让我们一边和物理环境进行比较，一边思考一下虚拟化环境下影响 CPU 性能的因素。如前所述，虚拟化环境下 Guest OS 发出的特权命令会被更改，因此和物理环境相比需要更多的处理时间。

另外，物理环境下也不需要将逻辑 CPU 分配给 VM 的调度处理，

[①]　第 2 章介绍的概要形式的信息。

所以这也是虚拟化环境比物理环境下多花费的处理时间。如果 CPU 的分配发生了竞争，这个等待时间就会影响性能。

可以说如何缩短这 2 个处理时间是决定虚拟化环境下 CPU 性能好坏的重点。

关于第 1 点的"命令的更改"，可以通过采用半虚拟化来排除掉因更改而带来的系统开销。但是，支持半虚拟化的 OS 是有限的，所以通过采用搭载了虚拟化支持功能的 CPU 来减少开销是一个好办法。在选择虚拟化底层架构的硬件时，请不要忘记这一点。

关于第 2 点的"CPU 调度"，本来如果没有采用过载使用的话，基本上也不会影响到性能。但是通过过载使用来提高使用率、降低成本也是虚拟化的优势，所以说如果绝对不采用过载使用的话，也就浪费了虚拟化的功能。因此，在采用过载使用的同时，适当地进行监测，控制 CPU 的竞争，这在运维过程中是非常重要的。

◉ CPU 的性能分析和应对方法

如前所述，更改命令的处理、将逻辑 CPU 分配给 VM 的处理是虚拟化环境下特有的会影响 CPU 性能的因素。也就是说，虚拟化环境下是否出现了 CPU 的性能问题，只要确认这 2 个处理就可以了。

那么，如果将虚拟化环境下特有的因素以外的因素也考虑在内，应该如何分析性能问题呢？在特定的 VM 发生性能问题的时候，需要从这个 VM 所在的物理服务器和 VM 这 2 个角度来进行分析和处理。

从物理服务器的角度进行分析和应对

首先，需要确认物理服务器的 CPU 使用率到底高不高。如果不高的话，就需要确认个别 VM 的情况。

在 CPU 的性能问题中，针对物理服务器需要确认的就是 CPU 的竞争，换句话说就是逻辑 CPU 是否被争抢。另外，其竞争状态也有 2 种："等待被分配 CPU"和"等待多个 CPU 同步处理"。

"等待被分配 CPU"是指 VM 的虚拟 CPU 向逻辑 CPU 提出分配要求，但实际上由于其他 VM 正在使用当中，因此无法被分配，处于等待的状态（图 6.14）。

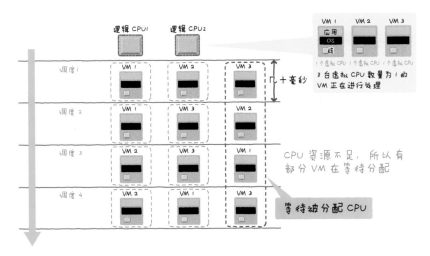

图 6.14　虚拟 CPU 等待分配

　　图 6.14 的情况下，在调度 1 阶段，虽然 VM3 在请求 CPU 的分配，但是由于 VM1 和 VM2 都在使用中，因此需要等待。"等待被分配 CPU"表示的就是这个等待状态，vSphere 中称为"准备就绪"（Ready）。

　　在经过几十毫秒后，VM3 被分配 CPU，等待状态被解除。在图 6.14 的例子中，到调度 2 阶段，VM2 就进入等待 CPU 分配的状态了。

　　而"等待多个 CPU 同步处理"是指被分配了多个虚拟 CPU 的 VM 为了进行同步处理而请求了逻辑 CPU 的分配，但是由于一部分逻辑 CPU 正在被其他 VM 使用，因此无法被分配而进入等待状态（图 6.15）。

　　图 6.15 中，因为逻辑 CPU1 已经被 VM1 使用，所以使用逻辑 CPU2，用分配给 VM2 的 2 个虚拟 CPU 中的 1 个（虚拟 CPU ①）展开处理。但是，如果其他 CPU 不可使用的状态一直持续的话，OS 就会意识到 CPU 发生了故障。如果这样继续执行处理，导致 OS 认为 CPU 出现了故障的话，就会暂停虚拟 CPU ①的处理，并一直等到虚拟 CPU ②可以使用逻辑 CPU 为止。"等待多个虚拟 CPU 同步处理"就是指这个状态，vSphere 中称为 Co-Stop。

　　当虚拟 CPU ①和虚拟 CPU ②都分配到了逻辑 CPU，可以进行同步处理时，处理就会重新启动了。

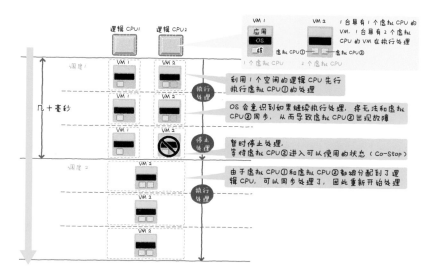

图 6.15 等待多个虚拟 CPU 的同步处理

如果存在等待时间较长的趋势，就有可能是 VM 发生了性能问题。作为判断的标准，在对象物理服务器上，如果单位时间的等待时间占 10%~20% 左右，就可能是 VM 发生了性能问题。单位时间就是指使用工具更新数据的间隔时间，vSphere 的性能图表中就是 20 秒（实时），而 esxtop 的话就是 6 秒（默认）。因此，如果在 vSphere 的性能图表中出现 2000~4000 毫秒的等待，在 esxtop 中出现 600~1200 毫秒的等待，那就需要注意了。

不过，根据应用程序的特性不同，等待时间的影响程度也会不一样，所以不能说等待时间达到 10% 就肯定是性能出现问题了。因此，掌握正常状态下的趋势是非常重要的。

在 vSphere 中，这个状态可以用 vCenter Server 的性能图表以及如表 6.2 所示的 esxtop 命令的指标来确认。

表 6.2　CPU 的性能指标

对象	指标	内部名	esxtop	单位	概要
物理服务器（Host）/ VM（虚拟机）	CPU 使用率	cpu.usage.average	%USED	%	CPU 的平均使用率
	准备就绪	cpu.ready.summation	%RDY	毫秒（ms）	等待分配 CPU 的时间
	Co-Stop	cpu.costop.summation	%CSTP	毫秒（ms）	分配了多个 CPU 的 VM 中，将某个核分配到另一核的等待时间（Co-Stop）
	最大限度	cpu.maxlimited.summation	%MLTD	毫秒（ms）	因为 CPU 的限制导致的等待时间

在出现这种 CPU 竞争的状态时，对策就是通过变更 VM 的配置来避免竞争状态。要么就是追加新的物理服务器，要么就是将 VM 挪到不容易发生竞争的其他物理服务器上。

另外，在 vSphere 中，通过名为 DRS（Distributed Resources Scheduler）的在集群（Cluster）内的物理服务器之间动态地在线移动 VM 的功能（后面介绍），可以实现负载均衡。该功能无效的状态下，通过启用该功能，可以使同一集群内的物理服务器的负载均等化。另外，这个功能还可以起到避免或者减少竞争的效果。

在发生"等待多个虚拟 CPU 同步处理"的情况下，有时通过减少分配到 VM 的虚拟 CPU 数，减少 CPU 的同步处理，也可以使问题得到解决。因此，需要重新思考一下 VM 是否真的需要这个虚拟 CPU。

从VM的角度进行分析

在物理服务器的 CPU 使用率不高的情况下，可以认为性能问题在于 VM 本身。VM 本身有问题的情况下，可以考虑到 2 个原因："虚拟化的开销"以及"VM 内部的问题"。

虚拟化的开销是指在 CPU 的特权命令更改（二进制翻译）的过程中，和物理环境相比性能有所下降。关于这一点，如前所述，通过使用硬件辅助虚拟化功能可以减少开销。和物理环境相比 system[1] 的 CPU 使

----

① 请参考第 2 章的 "vmstat"。

用率比较高的情况下，有可能是这个命令的更改处理导致了性能下降。当出现这种情况时，需要确认一下 BIOS 以及宿主机级别上是否将硬件辅助虚拟化功能关闭了。另外，虽然发生的可能性很小，但是在硬件辅助虚拟化功能有效的情况下，如果与物理环境相比性能依然很低，就需要考虑是否要迁移到物理环境下了。

另外，VM 内部的问题是指在物理环境下也会发生的性能问题，即由于 CPU 的资源不足、应用的设计问题或者设置不完善等导致无法充分发挥性能的状态。在这种情况下，和在物理环境中一样，需要考虑增加资源或者对应用进行调优等。

而如果只有特定的 VM 出现了"等待被分配 CPU"的状态，还有可能是因为 VM 的设置中对 CPU 进行了限制。这种情况下就需要解除限制，使得分配的 CPU 可以全部被使用。

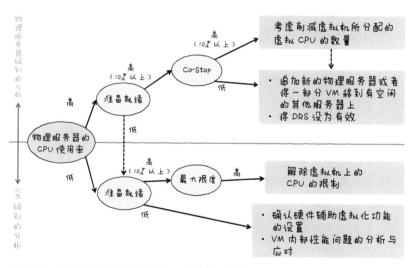

图 6.16　CPU 性能问题的分析与应对流程（例）

6.4.3　内存的性能管理

接着我们来说明一下内存的性能问题。

◉ 影响内存性能的因素

通过与物理环境相比较，让我们来考虑一下虚拟化环境中影响内存性能的因素。与 CPU 的情况一样，影响内存性能的因素可以说是虚拟化带来的额外开销与过载使用引起的资源竞争。

内存地址的更改处理就属于内存虚拟化带来的额外开销。如前所述，通过硬件辅助虚拟化功能，这种地址更改处理所带来的额外开销会有所减少。因此，在进行虚拟化的时候，使用实现了内存地址更改处理的硬件辅助虚拟化功能的 CPU 是一个比较好的策略。

此外，如果过度进行过载使用，Swap 等对性能有很大影响的功能就会被频繁执行，导致性能下降。适当地进行过载使用并进行监测，才有可能兼顾资源效率与性能。

◉ 内存的性能分析和应对方法

如前所述，虚拟化环境下特有的内存性能问题在于虚拟化的额外开销和内存的过载使用。

在虚拟化环境中具体确认内存的额外开销是很困难的，只能与物理环境下的性能进行比较。不过，通过使用硬件辅助虚拟化功能，可以减少这个额外开销，所以额外开销几乎不会引起性能大幅下降。因此，大部分情况下可能都是过载使用的原因。

下面我们来看一下如何分析性能问题是过载使用引起的还是别的原因引起的。在 VM 中发生性能问题的时候，可以从这个 VM 所在的物理服务器与 VM 这 2 个角度来进行分析与应对。

从物理服务器的角度进行分析和应对

首先，确认物理服务器的内存使用率是否过高。如果不高的话，就对个别的 VM 的内存使用率进行确认。如果物理服务器的内存使用率过高，则接着确认内存的过载使用的发生情况。如果有过度进行过载使用的趋势，则可以判定过载使用就是性能下降的原因。

vSphere 的情况下，可以使用 vCenter 的性能图表或者 esxtop 命令等来确认过载使用的发生情况。主要的内存性能指标如表 6.3 所示。

表 6.3　内存的性能指标

对象	指标	内部名	esxtop	单位	概要
物理服务器(Host)/ VM(虚拟机)	内存使用率	mem.usage.average	—	%	内存的平均使用率 【VM】有效内存÷构成内存; 【物理服务器】消耗的内存÷物理服务器内存
	气球功能	mem.vmmemctl.average	MCTLSZ	KB	单位时间内通过气球功能回收的平均内存量
	已压缩	mem.compressed.average	ZIP/s	KB	单位时间内压缩的平均内存量
	Swap Out 速度	mem.swapOutRate.average	SWW/s	KBps	单位时间内 Swap Out 的平均内存量

如果发现 Swap 等对性能影响较大的功能正在运行，那就是物理服务器太少 VM 太多了。这时可以考虑增加新的物理服务器或把一部分 VM 迁移到内存使用率比较低的其他物理服务器或集群上。与 CPU 的情况一样，可以将 DRS 设置为有效，使集群内的物理服务器的负载变得更平均。

从 VM 的角度进行分析和应对

如果物理服务器的内存使用率比较低，也没有出现内存的过载使用的话，可以认为性能问题是由 VM 自身导致的。在 VM 自身出现问题的情况下，与 CPU 一样，可以考虑到 2 种原因："虚拟化的开销"和"VM 内部的问题"。

如前所述，虚拟化的开销是指由于内存地址更改而导致与物理环境相比性能变差。通过硬件辅助虚拟化功能，能减少这个额外开销。在性能不佳的时候，保险起见，要确认一下硬件辅助虚拟化功能是否在 BIOS 或宿主机级别中被关闭了。

VM 内部的问题与 CPU 也一样，指的是在物理环境下也会发生的性能问题，比如由于内存资源不足、应用程序的设计问题以及设置不完善而导致性能没有被发挥出来的情况。这个时候，与物理环境中一样，可以考虑增加资源或者对应用程序进行调优。

此外，如果只有特定的 VM 在执行过载使用功能，就可能是由于在 VM 的设置中对内存进行了限制。这种情况下，请解除限制，把分配到的内存全都使用上。

其他需要注意的地方就是 VMware Tools 的启动情况。如果 VMware Tools 没有被安装到 VM 中，并没有正常启动，就不能正常执行气球功能，而会执行内存压缩或 Swap 功能。出现性能下降的 VM 中如果没有运行 VMware Tools，通过启动这个工具可能会缓解性能的下降。

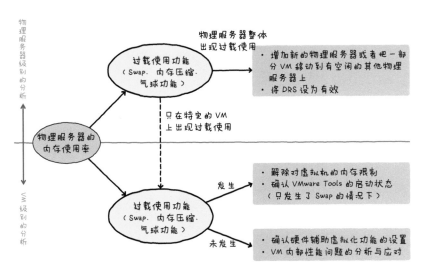

图 6.17　内存性能问题的分析与应对流程（例）

6.4.4　存储的性能管理

接着我们来说明与存储相关的性能问题。

◉影响存储性能的因素

首先，在虚拟化环境下，有关性能的存储设计因素有如下几点。这些设计都会对性能产生影响。

● 拓扑结构

- 存储结构
- Multi Path Policy
- SCSI 适配器
- 队列与 LUN 的队列大小
- Provisioning 方式
- VMFS/RDM
- 利用对 I/O 处理的存储进行卸载（Offload）的功能（vSphere 的 VAAI 等）
- 每个数据存储（Datastore）的 VM 个数

以上这些设计指针都将性能考虑在内了，具体请参考《VMware 彻底入门 第 3 版 支持 VMware vSphere 5.1》。

◉存储的性能分析方法和应对方法

存储的性能情况可以从响应时间、吞吐、执行的命令数（IOPS）等方面来确认。但是，关于吞吐和执行的命令数（IOPS），没有明确的标准来判断正常或异常。根据实际环境的不同，正常值和异常值都会发生变化。如果发现吞吐或 I/O 数有明显变高的趋势，可以考虑有可能是因为存储导致了性能下降。因此，要分析存储的性能下降原因，一般来说会通过响应时间来判断。

从响应时间的角度进行分析

响应时间是通过监控 I/O 延迟时间来确认的。发生延迟的位置不同，处理方式也会不同。因此，重要的是定位到发生延迟的具体位置。

图 6.18 所示为虚拟化环境下从 VM 到存储的组成要素，以及在其间发生的延迟。

当性能下降时，为了判断是否是存储的问题，首先要确认存储整体的延迟情况（命令等待时间，GAVG）。FC-SAN 结构的数据存储的情况下，大约是每秒延迟 20 毫秒左右；iSCSI 或 NFS 的情况下，是每秒延迟 50 毫秒左右。以此为基准来判断延迟。这个值是由磁盘设备自身的规格与虚拟机的 I/O 大小决定的，因此说到底只能将其作为参考。要想得到一个精确的值，需要进行性能测试、与存储供应商确认、确认实际的运行状况等。

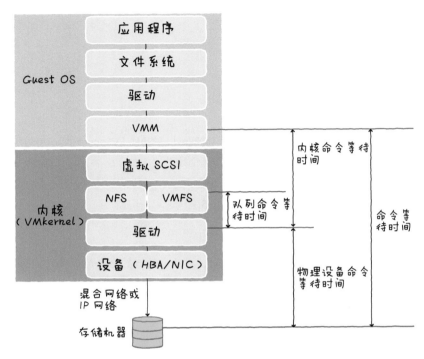

图 6.18 发生磁盘 I/O 延迟的位置

通过确认 GAVG，如果发现 I/O 延迟有变大的趋势，就要剖析这个延迟发生的具体位置。这里要确认的是磁盘的 I/O 延迟（物理磁盘命令等待时间，DAVG）与宿主机的内核的 I/O 延迟（内核命令等待时间，KAVG）。

如果 DAVG 超过 20~50 毫秒，那问题就出在存储设备这里了。首先，确认存储是否是正常状态。如果存储处在高负载的状况下，接着确认问题出在哪里（存储处理器、Spindle、HBA 等）。这时，最好也确认一下命令的超时情况（被中断的命令）和 SCSI 预约的竞争情况。

DAVG 和 KAVG 都是高数值的时候，很可能是因为存储的高负载对内核产生了影响。首先对存储进行处理（后面解释），再确认 KAVG 的值的变化情况。

如果 DAVG 的值并没有很高，而 KAVG 显示的值超过了 2 毫秒，那么很可能问题出在内核这里。如果出现了这个趋势，接着就要确认一下队列的延迟（队列命令等待时间，QAVG）情况。一般来说这个值应该非常接近于 0，如果出现了超过 1 毫秒的延迟，就可以认为内核的队列溢出了。

 COLUMN

还没使用 DRS 吗？

如前所述，vSphere 有一个名为 DRS 的功能。该功能指的是当集群内的某个物理服务器比其他物理服务器的负载高时，可以把在这个物理主机上运行的一部分 VM 在线迁移（vMotion）到其他物理服务器上，以使物理服务器的负载变得平均。通过使用这个功能，可以抑制前面提到的 CPU 和内存的竞争，让更多的 VM 在集群内运行，进而提高资源使用率。在那些执行过载使用、希望提升资源使用率的环境中，这可以说是一个必备的功能。

从全球范围内来看，该功能的用户使用率仅次于 HA，但是在日本似乎还未普及开来。经常听到的一个理由是，如果不知道哪个物理服务器上正在运行哪个 VM，就不知道故障时的影响范围，所以很难办。实际上，通过 vCenter Server 的警报功能来通知由 HA 引起的 VM 重启，或者使用 PowerCLI 等脚本定期把 VM 所处的位置输出到日志中，就能把握受故障影响的 VM。因此请不要担心，最好尝试用一下 DRS。

前面介绍的有关存储的性能指标可以按照表 6.4 来确认。

表 6.4 存储的性能指标

对象	指标	内部名	esxtop	单位	概要
物理服务器（Host）	命令等待时间	disk.totalLatency.average	GAVG/cmd	毫秒（ms）	从 Guest OS 开始执行到返回的 I/O 的平均总延迟时间
	物理设备命令等待时间	disk.deviceLatency.average	DAVG/cmd	毫秒（ms）	当前磁盘的每个 I/O 的平均设备延迟时间
	内核命令等待时间	disk.kernelLatency.average	KAVG/cmd	毫秒（ms）	当前磁盘的每个 I/O 的 VMkernel 平均延迟时间
	队列命令等待时间	disk.queueLatency.average	QAVG/cmd	毫秒（ms）	当前磁盘的每个 I/O 的队列平均延迟时间
	被停止的命令	disk.commandsAborted.summation	ABRTS/s	数量	单位时间内超时的 I/O 数
	—	—	CONS/s	数量	每秒钟 SCSI 预约的竞争数
	读取请求	disk.numberread.summation	READS/s	数量	单位时间内发送的 Read I/O（当前磁盘的合计）
	写入请求	disk.numberwrite.summation	WRITES/s	数量	单位时间内发送的 Write I/O（当前磁盘的合计）
	读取速度	disk.read.average	MBREADS/s	KBps	单位时间内当前磁盘的平均读取吞吐（当前磁盘的合计）
	写入速度	disk.write.average	MBWRTN/s	KBps	单位时间内当前磁盘的平均写入吞吐（当前磁盘的合计）
机器	读取等待时间	virtualdisk.totalReadLatency.average	LAT/rd	毫秒（ms）	虚拟磁盘的平均读取延迟
	写入等待时间	virtualdisk.totalWriteLatency.average	LAT/wr	毫秒（ms）	虚拟磁盘的平均写入延迟

存储性能问题的应对方法

DAVG 值较高的情况下，应对存储性能问题的方法主要从以下 4 点来考虑。

- 修改应用程序
- 修改 VM 配置
- 修改设计
- 增加、更换存储设备

增加存储设备的话，很有可能能立即解决性能问题。不过，这样做费用比较高，因此首先考虑是否能用现有的结构来解决问题。当然，即使保持现有的结构，修改应用程序和设计也需要耗费人力，因此为了使得人工成本低于增加设备的成本，需要事先对应对方法进行充分的讨论。

如果能对应用程序的 I/O 进行调优，那么就可以考虑对应用程序进行调优。例如，像数据库这样通过加大缓存就能降低 I/O 的情况，就适合采用这样的处理方法。

接着是修改数据存储的 VM 配置。把高负载或者峰值集中的 VM 配置到其他数据存储，来缓解 I/O 的竞争。根据具体情况，可以考虑使用 StorageDRS 这种根据负载情况动态地把 VM 移动到配置的数据存储的功能，或者使用 Storage IO Control 这种在存储负载高的时候把同一数据存储上的 VM 的 I/O 按预先分配的比例进行分散的功能。

发生 SCSI 预约竞争的时候，可以考虑减少每个数据存储上放入的 VM 个数。

接着，考虑修改设计。通过重新考虑前面提到的"影响存储性能的因素"中列举的几个设计因素，来确认能否改善性能。例如，将之前使用 Thin Provisioning 的 VM 改为使用 Thick Provisioning（Eager-zeroed Thick），看能否减少延迟。

最后，考虑增加或更换存储设备。这是最花钱的方法，如果条件允许，可以考虑通过增加或更换设备来解决性能的瓶颈。

发生 SCSI 预约竞争的时候，可以考虑引入支持 VAAI 功能的存储。前面我们也提到过，VAAI 是对 I/O 处理的存储进行卸载的功能。

另外，在发生 SCSI 命令超时的时候，可能是存储设备或其周边设备出现了故障。请咨询供应商，并根据需要来替换设备或部件。

接下来介绍一下当 DAVG 比较低但 KAVG 比较高时的处理方法。在这种情况下，如果发现 QAVG 也比较高，那么队列长度的值就可能比较低，所以要确认一下队列长度是否合适。通常来说，只要存储供应商不推荐修改，就不要对默认值进行修改，因此要确认一下现在的设置值与供应商的推荐值是否有差异。

当 QAVG 没有问题而 KAVG 比较高的时候，根据 Storage IO Control 的功能不同，内核可能会有意地产生延迟。在这种情况下，要确认一下 Storage IO Control 的设置是否合适。另外，也有可能是物理服务器的负载比较高，IO 不能妥善处理。所以要确认一下物理服务器的 CPU 使用率，考虑通过把在物理服务器上运行的 VM 移动到其他 VM 上等方法来降低负载。

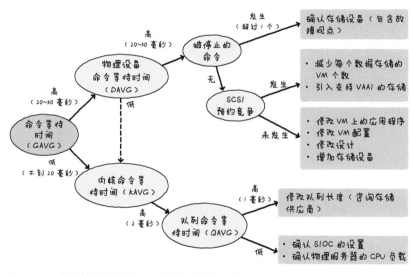

图 6.19　存储性能问题的分析和应对流程（例）

6.4.5　网络的性能管理

下面说明一下虚拟化环境的最后一个因素——网络相关的性能。

◉ 影响网络性能的因素

在虚拟化环境中，性能方面主要的网络设计因素就是 Teaming

Policy 的负载均衡结构和虚拟 NIC 适配器的选择。

- Teaming Policy

关于 Teaming Policy 的详细信息请参考《VMware 彻底入门 第 3 版支持 VMware vSphere 5.1》。

- 虚拟 NIC 适配器的选择

在虚拟 NIC 适配器上有多个选项，根据 Guest OS 种类的不同，默认设置也不同。其中，在虚拟化环境中性能最好的就是 VMXNET3。

◉ 网络性能的分析方法和应对方法

以笔者的经验来看，与 CPU、内存、存储相比，网络性能发生故障的概率较低。但是，为以防万一，我们需要理解相关的分析和应对方法。

首先，有关网络性能的指标如表 6.5 所示。

表 6.5　网络的性能指标

对象	指标	内部名	esxtop	单位	概要
物理服务器（Host）	发送的数据包	net.packetsTx.summation	PKTTX/s	数量	单位时间内发送的数据包个数
	接收的数据包	net.packetsRx.summation	PKTRX/s	数量	单位时间内接收的数据包个数
	丢弃发送的数据包	net.droppedTx.summation	%DRPTX	数量	单位时间内发送的数据包被丢弃的个数
	丢弃接收的数据包	net.droppedRx.summation	%DRPRX	数量	单位时间内接收的数据包被丢弃的个数
	数据发送速率	net.transmitted.average	MbTX/s	KBps	单位时间内平均每秒发送的吞吐
	数据接收速率	net.received.average	MbRX/s	KBps	单位时间内平均每秒接收的吞吐

网络的性能情况可以通过吞吐和数据包的数量来确认，但是，与存储一样，为了与平常的数据进行比较，需要经常收集平常的状态信息。为了清晰地把握网络的拥塞情况，可以通过确认数据包的丢弃状态来完成。

在发送数据包的时候，物理 NIC 带宽不足或者网络拥塞导致没有足够的空闲带宽的情况下，可以使用虚拟交换机或虚拟 NIC 来排队。如果这样的状态一直持续，导致这些队列溢出，数据包就会被丢弃。如果已经确认发送的数据包被丢弃了，那么就要再确认一下物理 NIC 或网络哪里出现了带宽瓶颈。此外，还要确认一下物理 NIC 和对面的物理 NIC 的传输模式是否达到了那台机器所能支持的最高速率。如果是在速率较低的模式下运行的，那么修改一下服务器和交换机的设置可能就能解决问题。

如果问题出在物理 NIC 或网络带宽上，可以考虑对其进行增强。如果数据包丢弃的原因出在物理 NIC 上，可以换一个速率更高的物理 NIC，或者向服务器追加物理 NIC，进行 Teaming 和负载均衡。此外，如果原因出在网络带宽上，可以考虑增强网络或交换机等网络设备。

接收数据包的时候，如果接收方的 VM 负载比较高，处于不能接收数据包的状态，就会在接收方的虚拟 NIC 或虚拟交换机上进入队列。如果这样的状态持续下去，导致队列溢出，数据包就会被丢弃。

如果因为这种情况导致接收的数据包被丢弃的话，就需要考虑导致数据包不能被接收的原因。接收数据包时也会带来 CPU 的负载，如果能确认接收数据包时 CPU 的使用率比较高，那么就可以通过追加虚拟 CPU 或者替换为 CPU 负载相对较低的半虚拟化驱动 VMXNET3，来改善性能。

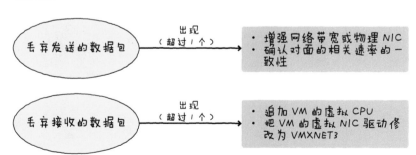

图 6.20　网络性能问题的分析与应对流程（例）

至此我们以 vSphere 为具体例子介绍了虚拟化环境中性能相关的代表性知识。如前所述，虚拟化环境的性能应与资源效率达到协调和平衡，请兼顾这两者。此外，在 vSphere 中还有很多有助于提升性能的功能与技巧，由于篇幅原因，这里不能一一详述。这些功能与技巧都汇总在了 VMware 公司的白皮书[①] 中，有兴趣的读者可以参考一下。

COLUMN

延迟灵敏度功能

在虚拟化技术刚刚开始发展的时候，虚拟化的对象都只是比较小规模的系统。近年来，虚拟化技术的使用日益普遍，人们也逐渐开始考虑把基础系统等大规模系统作为虚拟化对象。

vSphere 中为了满足大规模系统的高性能需求，从 vSphere 5.5 开始实现了名为 "延迟灵敏度"（Latency Sensitivity）的功能。

① 排他性地对特定的 VM 分配特定的物理 CPU

这样就可以给 VM 分配专用的物理 CPU 了[②]。通过分配专用的物理 CPU，就可以忽略掉由 CPU 的调度处理等带来的额外开销，实现完全占用 CPU 的机制。

② 网络数据包发送接收的缩短

将默认的重视吞吐的数据包发送接收机制（NIC coalescing、Large Receive Offload）关闭，修改为重视性能的模式。

详细信息请参考 VMware 公司的白皮书[③]。

这种功能是以牺牲虚拟化的优点——高效性为代价来获得性能的，因此不推荐贸然使用。不过，这个功能是非常有用的，所以请在充分地考虑、验证之后加以使用。

[①]　Performance Best Practices for VMware vSphere 5.5
　　http://www.vmware.com/pdf/Perf_Best_Practices_vSphere5.5.pdf
[②]　相当于第 4 章中介绍的 "绑定" 和 "关联性"。
[③]　Deploying Extremely Latency-Sensitive Applications in VMware vSphere 5.5
　　http://www.vmware.com/files/pdf/techpaper/latency-sensitive-perf-vsphere55.pdf

第 7 章

云计算环境下的性能

7.1 ‖ 云计算环境下性能的相关知识

本章我们将以云计算的定义为基础，为没有使用过云计算环境的读者介绍一下云计算环境下性能的相关知识。本章内容以前 6 章的知识为前提，并重点关注云计算环境与本地部署[①]（On-Premise）的差别。

7.1.1 云计算环境下性能会变差吗

最近几年，面向企业的云计算环境下的系统搭建和服务提供在飞速发展。一般来说，初次使用云计算的开发人员和用户最担心的就是"安全""稳定性"和"性能"这 3 点。

关于第 1 点"安全"，这是各个云计算供应商最优先考虑的一点。通过提供各种技术文档、支持审核及合规、提供云计算上的访问控制功能，以及各种安全供应商针对云计算的方案等，在技术上进行了明确的应对。

关于第 2 点"稳定性"，各个云计算供应商明确定义了服务等级协议（Service Level Agreement，SLA），针对各种系统功能与用户达成了一致。此外，通过将数据中心抽象化，实现了灾难恢复（Disaster Recovery，DR），因此根据采用方式的不同，可以实现很高的服务连续性。

那么第 3 点"性能"又如何呢？因为云计算环境不是产品而是一个服务，所以几乎没有云计算供应商提供基于第 4 章提到的 SPEC（Standard Performance Evaluation Corporation）和 TPC（Transaction Processing Performance Council）的基准测试信息，也几乎没有对云计算环境的性能进行详细说明的技术书籍。

因此，在把应用程序迁移到云计算环境的时候，想必大家都会担心性能会不会比本地部署环境中更差。对于这个疑问，从结论上来说，答案就是根据是否使用了适合云计算环境的应用程序，可能会出现性能得到改善或者性能变得更差这 2 种情况。并且，在很多云计算服务中，出现了具有扩展性、针对性能按使用量收费的模式。因此，与本地部署环

---

① 本地部署指的是在使用信息系统的时候，在自己公司管理下的设备中设置器材，来安装和使用软件的形态。

境比起来，相比技术，管理和思维是变化最大的部分。本书之前介绍的性能分析方法都是以自己公司对硬件和虚拟化环境等进行系统管理为前提的，本章将从使用云计算服务的角度来介绍性能分析方法。

　　读完本章之后读者就会明白，即使是在对性能要求很高的企业级系统中，云计算也已经成为了一个具有现实意义的选项。

7.2 ｜｜ 云计算与本地部署的差异

7.2.1　云计算的定义

　　首先我们来明确一下云计算的定义。美国国家标准与技术研究院（National Institute of Standards and Technology，NIST）对云计算进行了如下定义[1]。

　　"云计算是一种能够通过网络以便利的、按需付费的方式获取计算资源（包括网络、服务器、存储、应用和服务等）并提高其可用性的模式，这些资源来自一个共享的、可配置的资源池，并能够以最省力和无人干预的方式获取和释放。"[2]

　　概括起来，它与以往的环境（本地部署）相比有以下异同点。
　　① 构成计算资源的技术元素并没有大的变化
　　② 网络访问和资源的使用及提供形态发生了变化
　　这也为考虑云计算环境下的性能提供了大致框架。
　　①指的是在前面章节学到的CPU、内存、磁盘等以往的计算基础理论都可以沿用。
　　②明确说明了云计算环境与之前的数据中心环境的差别，首先需要将以硬件、软件为基础的分析变为从利用服务的角度进行分析，网络是技术上变化最大的地方。

---

[1]　请参考 http://www.doc88.com/p-388629639040.html。
[2]　周洪波.《云计算：技术、应用、标准和商业模式》.电子工业出版社，2011.

在之前的章节中，我们已经学习了计算理论和算法理论，因此本章我们就以②的变化部分为中心进行说明。

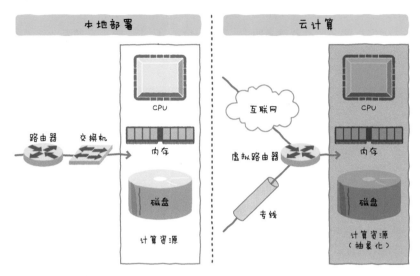

图 7.1 云计算与本地部署的主要差别

7.2.2 从云计算的特点来看与本地部署环境的不同

NIST 定义了云计算的 5 个特点。对于这些特点，让我们从性能的观点来具体看一下云计算与本地部署环境相比有哪些变化的地方。

◉按需自助服务

在云计算环境中，所有的资源信息都已被抽象化，可以基于 API 立即（按需）在用户端（自助服务）操作。与本地部署环境相比，不同的地方就是在碰到容量问题的时候，可以把某个阈值当作触发器，通过共通的云计算端的功能，实时地手动或自动扩展资源。

◉广泛的网络访问

云计算技术建立在互联网技术的基础之上。大家知道 1984 年 Sun 公司发表的未来构想中 "Network is the computer" 这句话吗？指的就是当网络变得足够强大的时候，就可以通过网络来提供计算资源，这展现了云计算的原型。之后，曾在 Sun 工作过的 Eric Schmidt 跳槽到了 Google，在 2006 年提出了"云计算"这个词。

因此，很多云计算供应商提供的云计算服务中包含了强大的互联网络。不同点就是，通过在云计算环境上搭建 Web 系统，就能利用这个强大的互联网络，进而从与互联网服务供应商（ISP）的合同以及高峰时的带宽调整中解放出来，互联网线路成为瓶颈的情况也在逐渐减少。

此外，根据应用程序的特性，很多时候相比尽力而为型的互联网，用户有时希望用保证带宽型的专线来连接云计算环境。在众多云计算供应商中，也可以比较灵活地使用专线服务。数据中心之间已经由云计算供应商用专线连接在了一起。与 IT 供应商比起来，实际上更多的是互联网服务供应商和通信公司在提供云计算环境，这也表明云计算和网络有着密切的关系。

◉ 资源共享

由于云计算是与其他用户共享资源的模式，因此根据系统结构的不同，在云计算服务整体的使用高峰期，计算资源和使用的网络带宽可能会受到影响。这种情况在本地部署环境中共享的基础设施上也会出现，但在云计算的情况下，由于不能掌握其他用户的情况，因此无法预测高峰期，存在随机发生的可能性。但是，有的云计算服务具有防止这些竞争的功能，根据应用程序的特性，如果需要防止竞争，可以使用一下这个功能。

◉ 快速的可伸缩性

云计算有一个明显的特征，就是在资源不足的情况下，管理员自己可以立即调用、补足资源。在虚拟化环境中也可以实现类似的功能，但是虚拟化软件的兼容性和硬件、数据中心都有物理上的限制，要想瞬间调度硬件来把资源扩展若干倍，这在很多情况下是比较困难的。相对而言，云计算环境中没有硬件调度的限制，可以瞬间近乎无限地扩展硬件资源。这在实际的项目中很有冲击力。

◉可度量的服务

很多时候云计算服务的内容就是一个黑盒子，但在很多云计算服务中，用户可以测量内部资源，进行监控。不过，云计算提供的部分是以云计算服务特有的监控功能为前提的，因此对于包含应用程序在内的系统整体的测量功能的标准化，还需要进行讨论，能处理的范围也有差别。

从云计算环境的特点来总结云计算环境和本地部署环境的不同，如表 7.1 所示。

表 7.1　与本地部署环境相比云计算环境的不同点（变化部分）

特征	变化部分
按需自助服务	实现了扩展处理的自动化
广泛的网络访问	可以使用强大的互联网带宽
资源共享	存在与其他用户或其他应用程序共享的部分
快速的可伸缩性	可以瞬间完成扩展处理
可度量的服务	虽然可以测量云计算内部的性能，但能应对的范围有差别

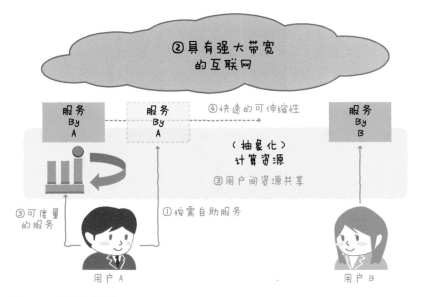

图 7.2　云计算的特征

III COLUMN

云计算实现的终极全球化

使用云计算服务的一个优势，就是能使用全球的基础设施。很多云计算服务在全球配置有数据中心，能快速地把应用程序部署到全球。如果要在本地部署环境中实现这个功能，从与海外数据中心签约，到在海外准备设备、讨论维护机制等，这些步骤会耗费大量的精力。但是，在云计算环境中，只需进行与国内相同的操作，就能立即实现。从在全球范围内使服务标准化这一点来看，全球化的云计算服务有以下明显的特征。

- 时间……在内部统一使用 UTC（Coordinated Universal Time/ 伦敦时间）
- 语言……最新的文档和功能统一使用英文
- 货币……在最终支付的时候统一使用世界货币美元

时间、语言、货币的标准化，意味着跨越了国境线的终极全球化。对于现在的企业来说，IT 系统是不可或缺的存在，是企业重要的核心竞争力之一。笔者认为，在云计算环境中搭建系统，意味着产业的全球化，这在人类历史上是一个重大事件。NASA 在公开事例中将卫星与云计算服务（Amazon Web Service）结合起来，实现了世界通用的使用方式。NASDAQ 也在公开事例中，面向证券公司，在 Amazon Web Services 中提供了 FinQloud，实现了完整的 B2B。至此，大家有没有感觉云计算是一项很伟大的发明呢？

7.2.3 云计算的实现形态

NIST 中定义了 4 种云计算的实现形态："公共云"（Public Cloud）、"社区云"（Community Cloud）、"私有云"（Private Cloud）、"混合云"（Hybrid Cloud）。正如本章开头所说的那样，对于这些实现形态，我们将围绕云计算环境下的性能进行说明。在使用云计算环境的情况下，由于云计算提供的部分处于云计算供应商的管理之下，因此可以在用户端进行性能调优的部分就有所减少（图 7.3）。

需要注意的是，不但不能对硬件进行调优，也不能对虚拟化层进行调优。换句话说，云计算环境下的性能改善基本上必须在软件层完成，不能对特定的硬件、处理器或其他虚拟化环境直接进行替换，只能通过改变虚拟机的规格来应对。这是云计算环境下的限制条件，请一定要掌握。

‖‖‖ COLUMN

混合结构的成本管理就是使用实物期权实现的投资组合管理

如今，随着大规模的企业级客户的云计算化的推进，考虑到与现有环境的生命周期的关系和设备的制约等，一般会搭建与本地部署环境相结合的混合结构。此外，依赖于一家云计算供应商的风险很高，所以有时可能也会组合多个云计算环境。这种情况下需要讨论的问题就是这个混合的比例。在验证过技术上是否合适之后，接下来就需要进行成本评估（最近，不从成本而从云原生（Cloud Native）的本质价值来评估云计算价值的情况日益增多，但是成本评估依然是一个必要的过程）。

本地部署基本上会把整年成本以固定费用进行资本化，而云计算环境中则是将服务使用率、按使用量付费软件的授权费用、流量、收费方案等多种变化因素结合起来。在这些变化因素中，与业务量无关、完全依靠预估的因素是外币汇率和云计算服务的价值下降率。因此，通过实物期权（Real Option）的计算方式来获得这两个因素可能的变动概率，进而调整与剩余的本地部署固定费用的比率。这也可以称为混合结构的 TCO 分析相关的投资组合管理（Portfolio Management）。特别是大规模项目的情况下，由以上工作和分析产生的变动会导致总成本出现差异，因此需要这种分析技巧。

用于计算云计算环境下的相关成本的参数大部分都是与容量相关的数据，是可以获得的。为了实现包含云计算环境的成本的投资组合管理，需要掌握容量管理数据的收集与分析技巧。

7.2.4 从云计算的服务模式来看其与本地部署的差别

NIST 中定义了 3 种云计算的服务模式：SaaS（Software as a Service）、PaaS（Platform as a Service）、IaaS（Infrastructure as a Service）。不过，最近这些服务模式之间的差异正在逐渐消失。

根据服务模式的不同，如图 7.3 所示，随着云计算所提供的层级上升，能进行调优的部分在减少。特别是云计算所提供的服务中有一个称为 Managed Service，它意味着将性能等的维护管理交给云计算的功能的分界线，能进行性能调优的范围是有限的。

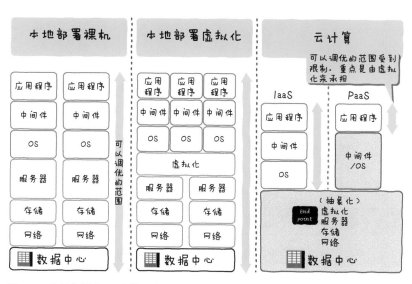

图 7.3　本地部署与云计算环境下调优范围的比较

SaaS 一般是直接向用户提供应用程序，因此用户可以实施的对策几乎没有。

PaaS 是直接把应用程序部署到服务中使用的形式，因此性能评估不是从个别虚拟机级别的 CPU、内存、网络等系统资源的角度来进行，而是从服务整体的负载的角度来进行。笔者认为，PaaS 严格来说具有 3 种形态："①从 SaaS 派生出来的 PaaS 环境""②纯粹的 PaaS 环境""③从

IaaS 派生出来的 PaaS 环境"。派生出来的层级越低，自由度越高。③中也有一部分可以从 IaaS 的观点来分析，关于这一点，我们会在下一节具体说明。

很多虚拟化环境中对 Guest OS 之上的层级进行运维管理的原理，在 IaaS 中是可以直接使用的。一个较大的不同点就是宿主机的管理主体变成了云计算服务，另外还有一些其他的变化，之后会逐个说明。

COLUMN

云计算环境中可以把盈亏平衡点图形化（独自 SaaS 提供的最优费用模型）

在云计算中，容量与成本息息相关。那么什么样的模式能够最好地利用这一点呢？答案很简单，那就是随着用户数量增多，负载增加，相应地收益也增加的收费模式的服务。

一个比较有用的解决方案是：在 IaaS 上部署应用程序，并以 SaaS 的形式提供出来。把具有批处理特性和峰值性、使用大量资源的 CAE，以及金融业的风险计算部署到 IaaS 上，这种 SaaS 业务有很好的发展前景。有兴趣的读者请一定读一下 *Software-as-a-Service*（*SaaS*）*on AWS* [①]。

7.2.5 把握资源的变动因素与固定因素

在考虑云计算环境下的性能时，对由云计算服务的特征所决定的变动因素与固定因素的把握是很重要的。虽说是云计算，但几乎都是以虚拟化的形式来运行的，在这种情况下，CPU 的话就会发生上下文切换，对于磁盘 I/O，如果是共享存储区域网络（SAN）的服务结构，就会对 I/O 的吞吐产生影响。

通过引入在第 6 章介绍的虚拟化技术，从概念上来说硬件和 OS 已处于分离的状态。在云计算环境下，甚至不再关注硬件，因此扩展性的自由度大幅提升，但在第 6 章使用的应对方法的例子中受到的限制也会

① https://d36cz9buwru1tt.cloudfront.net/SaaS_whitepaper.pdf

增加。本章将对云计算环境中 CPU、内存、宿主机、磁盘、LAN、WAN 这 6 种资源与本地部署环境中相比发生变更的部分加以整理。

◉ CPU 的变化

CPU 相关的基本原理与虚拟化环境是一样的，较大的不同点就是不需要关注硬件，所以主机方面也不需要进行资源管理（本来主机这边的资源也不可见）。因此，在第 6 章的虚拟化环境中，有"物理服务器角度"和"VM 角度"2 种，但是在云计算环境下，就只需要关注"VM 角度"。另外，由于不能操作物理硬件，因此云计算服务一般不能进行过载使用 CPU、根据实例指定 CPU 的信号及时钟频率、关闭超线程等操作。

在 2014 年年初的时候，在 Amazon Web Services、Google Compute Engine、Microsoft Windows Azure 中，虚拟机的规格是从事先定义了 vCPU（虚拟核）的实例类型中选择的。假设出现了增加 1 台虚拟机的 vCPU（虚拟核）的需求，可以通过更改实例类型来处理。根据摩尔定律，CPU 不断有性能上的提升，云计算服务内部也在不断地替换为最新的 CPU。替换为最新类型的 CPU 后，虚拟化部分也会有大的变化，因此也可以通过明确提供新的实例类型来应对。此外，最近的 Amazon Web Services 中也准备了名为 HPC（High Performance Computing）的最高级的实例类型，以及用于处理 3D 图像的图形处理器（GPU），用户可以根据需要进行选择。

在虚拟化环境中进行 CPU 过载使用、详细且动态的 CPU 分配变更，其目的就是最大限度地使用物理服务器的 CPU 资源。在不考虑物理服务器的云计算环境中，也不需要考虑这些东西，"VM 角度"的因素就是虚拟化本身的过载使用。云计算环境下，由于不能调优宿主机，因此没有调优宿主机这个对策，只需把握从应用程序能实际看到的实例类型下分配的 CPU 资源的使用情况。因此，在 CPU 资源的监控中，建议看应用程序的 CPU 使用率，而不是 OS 的 CPU 使用率。

```
Amazon Linux 2013.9 t1.micro 1

processor       : 0
vendor_id       : GenuineIntel
cpu family      : 6
model           : 45
model name      : Intel(R) Xeon(R) CPU E5-2650 0 @ 2.00GHz
stepping        : 7
microcode       : 0x70d
cpu MHz         : 1793.672
cache size      : 20480 kB
physical id     : 0
siblings        : 1
core id         : 0
cpu cores       : 1
apicid          : 0
initial apicid  : 8
fpu             : yes
fpu_exception   : yes
cpuid level     : 13
wp              : yes
flags           : fpu de tsc msr pae cx8 sep cmov pat clflush
  mmx fxsr sse sse2 ss ht syscall nx lm constant_tsc up
  rep_good nopl nonstop_tsc pni pclmulqdq ssse3 cx16
  pcid sse4_1 sse4_2 x2apic popcnt tsc_deadline_timer aes avx
  hypervisor lahf_lm
bogomips        : 3591.34
clflush size    : 64
cache_alignment : 64
address sizes   : 46 bits physical, 48 bits virtual
power management:
```

```
Amazon Linux 2013.9 t1.micro 2

processor       : 0
vendor_id       : GenuineIntel
cpu family      : 6
model           : 45
model name      : Intel(R) Xeon(R) CPU E5-2650 0 @ 2.00GHz
stepping        : 7
microcode       : 0x70a
cpu MHz         : 1799.999
cache size      : 20480 kB
physical id     : 0
siblings        : 1
core id         : 0
cpu cores       : 1
apicid          : 0
initial apicid  : 14
fpu             : yes
fpu_exception   : yes
cpuid level     : 13
wp              : yes
flags           : fpu de tsc msr pae cx8 sep cmov pat clflush
  mmx fxsr sse sse2 ss ht syscall nx lm constant_tsc up
  rep_good nopl nonstop_tsc pni pclmulqdq ssse3 cx16
  pcid sse4_1 sse4_2 x2apic popcnt tsc_deadline_timer aes avx
  hypervisor la lm
bogomips        : 3599.99
clflush size    : 64
cache_alignment : 64
address sizes   : 46 bits physical, 48 bits virtual
power management:
```

图 7.4　比较 2 台不显示时钟频率的 Amazon EC2 的 t1.micro 实例的例子（在总频率上有细微的差别）

◉内存的变化

　　内存的基本变化也与 CPU 一样，就是不需要在主机端进行资源管理。在第 6 章的虚拟化环境中，有"物理服务器角度"和"VM 角度" 2 种角度，但在云计算环境下，只需要考虑"VM 角度"。同样地，由于不能操作物理硬件和宿主机，一般来说也不能过载使用内存等。因此，在云计算环境下，一般也是采取从预先设置好内存大小的实例类型中来选择的形式。CPU 的情况下，可能只在 vCPU（虚拟核）上不会明确显示出时钟频率，而物理内存大小的容量在实例类型中都会被明确显示出来。物理内存大小的扩展只能通过修改实例类型来完成。"VM 角度"的因素就是虚拟化本身的过载使用，云计算环境下虽然不能调优宿主机，但可以考虑实例类型的内存大小。

　　内存很大程度上取决于 OS 的特性。云计算的情况下，只要重点关注 OS 就可以了。例如，使用 32 位 OS 的时候，由于 OS 的限制，只能分配 4 G 字节的内存，因此不能选择 4 G 字节以上的实例类型。另外，根据 OS 的不同，虚拟内存的分配比例也会不同。由于内存的过载使用不起作用，因此必须确保不发生 Swap，不过有时会把 SSD 当作 Swap 空间来使用。详细内容会在下面的"磁盘的变化"中说明。

内存会使用在其他节点上保持共享的数据结构的中间件，或者改善缓存命中率等，根据使用的中间件的不同会发生很大变化。最近的云计算中也有搭载了大内存的实例，不过为了发挥云计算的优势，建议考虑一下可以并行分散内存的应用程序架构。

内存的资源监控大多是从 OS 的角度进行的，有些时候并未包含在云计算服务的标准监控项目中。云计算环境下，一般来说不需要考虑虚拟化层的过载使用，因此在从 OS 上的应用程序的角度进行的监控中，建议从 OS 来监控内存。

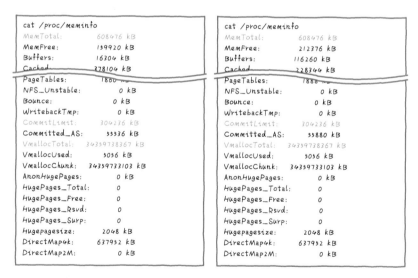

图 7.5 比较 2 台明确显示内存容量的 Amazon EC2 的 t1.micro 实例的例子（没有差异）

● 宿主机的变化

在云计算环境下，一个大的变化就是不需要管理宿主机。用户不能实施对宿主机的改善对策。特别是各个云计算服务所使用的宿主机不同，需要考虑它们的功能限制和性能情况。具体来说，Amazon Web Services 中使用 Xen，Google Compute Engine 中使用 KVM，Microsoft Windows Azure 中使用 Hyper-V。此外，正如第 6 章介绍的那样，虚拟化分为完全虚拟化和半虚拟化，在各个云计算服务中，可能实例和 OS 上的虚拟化模式也会不同，所以需要预先确认一下。在完全虚拟化的情况下，为了获得接近半虚拟化的性能，也可能需要选择合适的驱动。

此外，在谈 CPU 的变化时也提及过，云计算服务中经常会改良宿主机并进行升级。因此，根据各个云计算服务机制的不同，当停止、启动虚拟机，或者更改实例类型时，可能会出现宿主机的版本改变、性能变化的情况。

云计算服务中提供的宿主机的资源监控，没必要太关注 CPU 和内存。但是由于有些时候磁盘和节点间的网络流量（之后会说明）都会通过这个宿主机，因此就需要确认这个带宽的消耗。

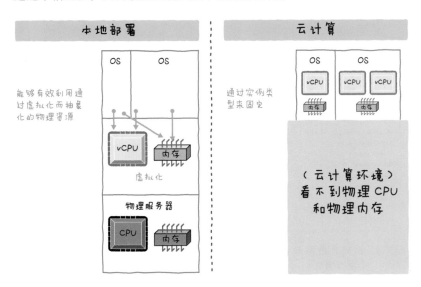

图 7.6　CPU、内存、宿主机

● 磁盘的变化

云计算服务提供的磁盘服务的类型大致可以分为 2 种:"①块访问类型"和"②对象访问类型",因为这里重点讨论的是与本地部署环境的不同点,所以重点关注第 1 种类型,第 2 种将在下一节进行说明。

块磁盘从其内部来看还是物理的块磁盘,这一点没有变化。另外,在前面一章介绍过,CPU 和内存的基础性能日益提升,而磁盘自身却基本上没有提升。云计算服务中有一个明显的变化:因为它是以虚拟的块设备的形式来使用磁盘,所以很难把握详细的磁盘转速和接口规范等,因此不能通过修改磁盘转速,或者修改接口来应对。有些云计算服务实现了提高磁盘性能的功能,下面简单介绍一个例子。

首先,磁盘访问的性能因素包括磁盘转速、网络带宽,并且一般由此来确定 IOPS、吞吐这 2 个性能指标,但云计算环境下也可能使用相反的方式。比如 Amazon Web Services 的虚拟磁盘 Elastic Block Store,在 2014 年年初的设计中,为了提高虚拟磁盘的性能,一般会把虚拟机 Amazon EC2 的网络带宽设置为保证带宽型,并指定 Elastic Block Store 的 IOPS 值,以此来提高吞吐。此外,使用名为 Instance Store 的磁盘(内置于虚拟机中,虽然会丢失,但搭载了 SSD),也可以让磁盘转速和网络带宽得到大幅提升。Instance Store 也作为内存较小的实例类型 EC2 的 Swap 空间来使用。

类似这样,特别是在那些通过网络来提供磁盘服务的云计算环境中,在运行工作负载(Workload)很高的企业级应用的情况下,即使磁盘转速相同,也可能会因为网络带宽的限制而影响吞吐,很多时候就可以通过使用上述云计算服务提供的功能来解决。关于功能的详细说明请参考 Amazon 公司提供的相关资料(Elastic Block Store 和 Instance Store),具体的分析请参考本书 7.3 节。

相反,磁盘容量的特点是,在很多云计算服务中不会受到物理的磁盘容量的限制,可以扩展到理论上限值,备份也是存放在数据中心级别的耐用性很高的存储服务中。

从云计算的瓶颈分析的角度来看,磁盘的资源监控需要确认虚拟磁盘的 I/O 数和队列长度,以及它们之间的网络吞吐是否存在瓶颈,因此主要使用从宿主机级别可以监控的云计算服务提供的监控功能。

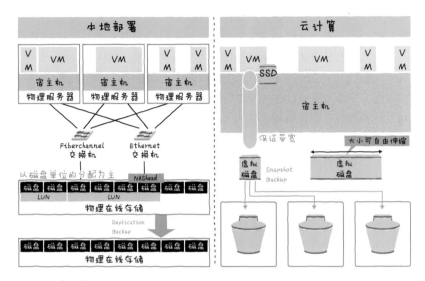

图 7.7 存储的差异

◉ LAN 网络的变化

如前所述，云计算一个大的变化就是 LAN 网络。具体来说，本地部署环境下物理路由器和交换机实现的部分被隐藏起来，通过虚拟的网络来组成。从服务器到网络，一般来说有 2 种："①服务器之间的通信使用的 LAN 网络"和"②服务器与存储之间的通信使用的存储区域网络"。在很多云计算服务中，往往会共享这 2 种网络，并由虚拟网络组成。此外，因为实现的过程中不用考虑物理层面的东西，所以一般采用 L3 层的 IP 来控制。因此，为了完全控制这些网络，只能使用云计算服务的控制功能或者网络软件的 QoS 控制功能等，从逻辑上用软件来进行控制。

本地部署环境下，由于可以占用预留了强大带宽的物理机器，并且各个服务器的物理位置较近，能通过很少的跳数进行通信，因此即使在虚拟化环境下也很少会出现 LAN 网络成为瓶颈的情况，但由于云计算环境下虚拟服务器的物理位置不确定，而且网络是共享的，因此虚拟网络有可能成为瓶颈。

由于是虚拟网络，因此 LAN 网络的资源监控主要使用从宿主机级别可以监控的云计算服务提供的监控功能。

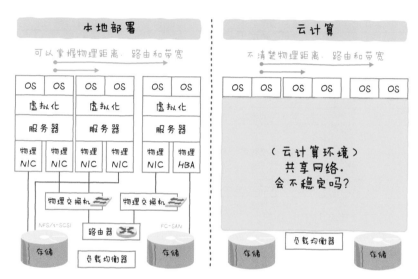

图 7.8 网络的差异

◉ WAN 网络的变化

云计算服务的连接是通过 WAN 的形式来完成的，连接方法大致可以分为 2 类："专线连接"和"互联网连接"。

专线连接的时候，比起云计算，更大程度上依赖于所选择的通信供应商的服务特性，因此带宽保证和性能的成本与之前相比并没有太大变化。但是，互联网连接的时候，很多云计算服务是通过 Internet Native 构成的，因此在云计算服务这边可以以非常优惠的价格来利用共享的强大互联网带宽，可以减轻高峰时带宽限制的顾虑。这是一个大的变化。此外，云计算服务中如果提供了 CDN（Contents Delivery Network）或 Global DNS 等功能的话，通过使用这些功能，能够很方便地提高互联网服务的速度。

◉资源的变化汇总

把以上这些资源相关的变化汇总起来，如表 7.2 所示。

表 7.2　云计算环境中各个资源的变化

大项目	变化	需要测量的地方
CPU	·依赖于选择的实例类型 ·无过载使用	都从 OS 进行监控
内存	·依赖于选择的实例类型 ·无过载使用	从 OS 进行监控
宿主机	用户管理对象之外	从云计算服务进行监控
磁盘 I/O	网络型的虚拟磁盘	（业务观点、容量） 从 OS 进行监控 （网络、IO） 从云计算服务进行监控
磁盘容量	很高的扩展性	从 OS 进行监控
WAN 网络	充分的网络带宽	从通信供应商进行监控
LAN 网络	虚拟网络	从云计算服务进行监控

7.3 ‖ 云计算环境的内部结构与最佳应用程序架构

在本章开头部分已经提到过，云计算环境下，根据应用程序架构的不同，性能会有提升或下降的趋势。本节我们就来讨论一下云计算环境下的最佳应用程序架构。

7.3.1 集中式？分布式？

在本地部署环境下，对强大的硬件服务器进行纵向扩展的方式再次逐渐成为主流，而在云计算环境下，由于不考虑硬件，因此基本上是采取横向扩展的方式，利用强大的扩展性，按单台机器逐渐增加少量资源。这一方式适用于分布式应用程序。无论什么样的硬件，如果只是 1 台的话总是会有性能上限的，因此就出现了"不是分布式就不扩展"这样的名言。这个分布式就是接下来要说明的云计算环境中性能对策的基本，请加以注意。之所以是"基本"，是因为企业级应用程序这样的事务与数据模型的情况下，可能不一定适用。这个特性与云计算服务提供方的核心业务下的应用程序架构也有关联。我们来看一下云计算的典型代表"Google""Amazon"和"Salesforce"。

Google 以搜索引擎为代表，主要面向消费者，提供简单地快速处理大量事务的大规模服务。以这个服务平台为基础的 Google Cloud Platform 基本上是分布式的。

Amazon 基本上也一样，其自身作为 EC 网站和面向卖家的网站，具有一些复杂的业务逻辑，在运营中 RDB 的扩展性常常成为问题。以这个服务平台为基础的 Amazon Web Services 也基本上是分布式的，但近年来也发布了集中式的高规格服务，分布式和集中式二者得以共存。

Salesforce 以 CRM 为中心，目标客户群是企业用户。比起流量，复杂的业务逻辑是其核心，因此 Salesforce 在 2013 年宣布将采用充分利用了 Oralce 公司的 Engineered System（集中式的典型代表）的基础设施。

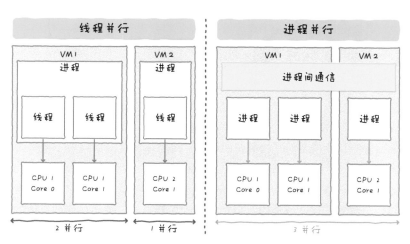

图 7.9 集中式、分布式

另外，如图 7.9 所示，分布式应用程序能简单地把处理分散到多个资源上进行。通过修改为这种方式，可以增加资源来加强横向扩展，但实际上将处理分散进行是很有难度的。这是由于需要将分散的处理通过网络整合起来，因此一般来说会使用中间件来控制。另外，正如前一节所说的那样，在云计算环境中网络是共享的，是一个变化的因素，所以带宽和地址的控制也变得复杂起来，而这些都由自己来搭建是不现实的。因此，云计算环境中标准配备了实现这种分布式处理的服务，用户通过使用这些功能就能实现简单的分布式处理。

◉从 CAP 定理来看云计算环境的特性

CAP 定理由 Eric Brewer 提出，指的是在分布式系统中，以下 3 个因素最多只能同时满足其中的 2 个。

- C：Consistency（一致性）
- A：Availability（可用性）
- P：Tolerance to network Partitions（网络分区容错性）

在本地部署环境下很难实现的全球数据中心规模的云计算环境中搭建分布式系统，可能会重视 P 和 A，而忽略 C。这就是在云计算环境中考虑分布式应用程序处理的耦合度和同步性时最重要的一点。

7.3.2　紧耦合？松耦合？

提到云计算上的分布式架构，必定就要提到处理的耦合度。基本上如第 4 章所述，为了实现分布式处理，需要把相互之间的处理的耦合度降低，来实现扩展性。之前介绍的理论在本地部署环境中也都能使用，而云计算环境中准备好了松耦合的组件，使用基于 HTTP 的 Web 服务来进行控制。说到 Web 服务，其实就是构成 SOA（Services Oriented Architecture）的主要技术，可能有人会想起提倡在这个服务之间使用松耦合。云计算的应用程序也可以使用这种控制方式。关于如何在具体的云计算环境中实现 SOA，推荐阅读《云计算与 SOA》。

◉同步还是异步？

把处理进行松耦合之后，数据就是异步的了，于是就要反复执行"完成处理后同步数据、完成处理后同步数据……"这样的流程。在大规模的云计算环境下，会产生大量的请求。通过把这些请求进行异步处理，就可以分阶段地处理大量请求，也能实现重试（Retry）处理，云计算服务的容错性和扩展性也会一并提高。

实际上，在很多企业系统中，数据存储都是以异步为前提构成的。由于 Web 系统以互联网的延迟（Latency）为基础，因此从一致性的观点来看，虽然数据保存时机是异步的，但是允许这种实现方式的需求也很多。另外，关键业务系统的夜间批处理或系统间协作用的数据转发也基本上是以异步形式运转的，因此与云计算环境的分布式应用程序的兼容性很高。在异步处理的数据存放区域，通过使用适合云计算环境的对象存储或 KVS（Key Value Store）等，能够实现持续性高的数据驱动（Data Driven）处理方式。

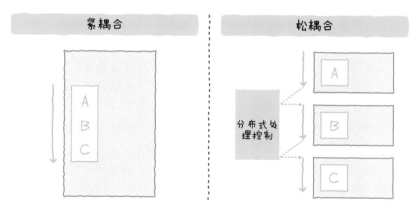

图 7.10 紧耦合、松耦合

7.3.3 SOAP？REST？

前面已经讲过，云计算环境下控制部分的管理都是通过 Web 服务来执行的，下面稍微介绍一下具体的实现方式。首先，Web 服务可以大致分为 2 类，这 2 类都是以 HTTP 为基础的。第 1 类是通过 SOAP 把详细信息附加到 XML 标签上来实现的，可以进行 URI 映射。第 2 类是通过 REST 来实现的很简单的方式。

把 Web 服务技术当作应用程序来使用的时候，主要使用能把各种项目通过 XML 来定义的 SOAP，而云计算服务的管理使用的则是简单的 REST。实际上，云计算的实现之所以能成为现实，据说就是因为主要通过 REST 来进行管理。重要的是，因为会发生 HTTP 的 REST 通信，所以为了以分布式的形式管理云计算，需要将这个请求与响应的开销也纳入考虑范围。特别是当 REST 的请求次数异常多，或者是经过 Proxy 的环境，或者指定了外国的端点的时候，都会产生相应的响应时间。

◉ DNS 的 TTL

另外一个重要的地方是，这个 Web 服务的请求目标的端点以及对各个云计算服务的访问，会以云计算服务提供的 FQDN 作为目标地址。因此就形成了基于 DNS 的网络，根据环境的不同，有时也需要考虑域名解析处理所消耗的性能。本地部署环境以 IP 地址为主，一般将根据需要设置 DNS 作为应用程序需求，而由于云计算环境是虚拟的环境，因此基本上是以云计算服务的域名组成的 DNS 为基础进行访问，这也是一个变化较大的地方。当然，如果业务需求中需要使用独立的域名，就使用 CName 记录来替换。由于 DNS 的性能会提升服务的竞争力，因此各云计算服务供应商都在努力改善 DNS 的性能。

在 DNS 记录中有一个 TTL（Time To Live），在这段时间内会检查解析器（Resolver）这一边的缓存。根据云计算服务的不同，内部 IP 可能会临时发生变化，这种情况下就会受到 TTL 的影响，所以有必要确认一下各个服务的标准。此外，有的应用程序语言可能会维持 DNS cache。例如 Java 中的 InetAddress 的 Class 定义了 TTL，Java VM 具有维持缓存的特性，因此建议大家提前确认一下各个语言的标准。

◉ FQDN 是公有 IP 还是私有 IP？在哪个数据中心?

如前所述，在各个云计算服务的组件上可以访问云计算服务分配的 FQDN，但在很多云计算服务中，由于很难区分这个 FQDN 对应的是公有 IP 还是私有 IP，因此需要明确把握各个云计算服务的网络配置。

图 7.11 是 Aamazon Web Services 中的例子，根据服务的不同，有些可以配置到 Private Network，有些则不能配置到 Private Network。如果只配置到 Private Network，那么就通过云计算服务内的内部 DNS 来完成域名解析，并且只是通过内部的虚拟路由器的路径。此外，Amazon Web Services 中有一个名为 Virtual Private Cloud（VPC）的通过私有 IP 组成 CIDR 的功能，这个功能可以横跨多个数据中心来搭建 VPC，通称"Multi-AZ 组成"。因此，即使在同一个 Private Network 内，由于子网的不同，也可能属于别的数据中心，根据流量的特性，还可能会受到延迟的影响。此外，对公有 IP 地址进行访问后，就会变成向 VPC 外进行通信，跳数也会增加，通信加密等产生的开销可能也需要考虑进去。

在完全由虚拟空间组成的云计算环境中，在分析性能时，通过画网络拓扑图来把握哪个服务部署在哪里是很重要的。

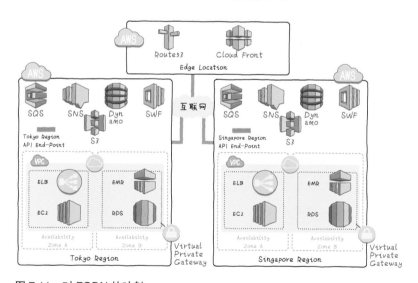

图 7.11　对 FQDN 的映射

COLUMN

能够把握抽象化的云计算环境的美国人——图与想象的重要性

云计算环境是对物理环境的抽象化描述，因此系统、服务的关联性以及网络整体比较难以理解。此外，在云计算环境提供的 API 和管理页面的功能中，即使能获得详细信息，根据这些信息想象整体结构也是很困难的。这样一来，对云计算的各个服务进行 Mapping，把系统概要绘制成图的技能就很重要了。对于这个系统概念图，通过把握数据是如何流转的，就能立即推断出瓶颈的位置。找到瓶颈后，就可以开始调查详细的性能信息了。

本地部署的情况下，在配置硬件的时候会一并搭建好系统结构，因此可以通过那些文档来把握。而云计算的情况下系统环境是简单地虚拟搭建的，有时可能没有实现文档化（反过来说，这样的开发模式也是云计算开发效率高的主要原因），因此要能够想象出被抽象化的各个服务是如何在系统中运转的，这是很重要的。本书中也是基于这样的想法而用了很多图。

由于是图，因此不一定要非常详细。大家回想一下小时候的经历就能理解了，实际上这个图需要的是一种感觉，画得漂不漂亮因人而异。此外，笔者常常会和美国人一起工作，大家看一下他们的演讲也会明白，他们很擅长从概念设立假说，用简单的图形来描述思路。这是因为很多美国人从小就接受了逻辑思维教育，这在 IT、咨询、投资银行等领域会发挥很大的作用。想必这也是美国企业在这些领域表现比较优秀的原因之一吧。

比较具有代表性的是美国的系统管理工具。笔者曾经对这些工具进行过评估，看一下美国人开发的监控功能，就会发现一开始都是以可视化的方式来表现服务整体是怎样的，之后再根据线索深入调查详细信息。这个流程在云计算中相当重要。日本人也与他们开发的系统管理工具一样，比如应对错误信息的时候通常会从详细信息着手。但其实如果首先以图的形式来把握整体，应该能更快更方便地处理问题。

关于云计算环境中的系统结构图，推荐参考一下 Amazon Web Services 的主页上的用户事例（http://aws.amazon.com/jp/solutions/case-studies-jp/）。那里有基于各种行业的应用程序而制作的简单的图。虽然很笼统，但一开始这个级别的就可以了。考虑一下包括业务量在内的数据量，慢慢就能推断出性能瓶颈的位置了。

7.3.4 前端的分布式处理：网络的访问方法

接着让我们具体讨论一下应用程序架构。首先来看一下前端部分的分布式处理的情况。前端具体可以分为 2 部分："①包含互联网的 WAN 网络部分"和"②位于虚拟网络的 LAN 上的负载均衡器部分"。

前面已经提到过，互联网的性能是尽力而为型的。当然，在考虑全球性的在线 Web 系统的整体性能时，这很有可能会成为瓶颈。因此，第 1 个部分的解决方案中最有代表性的就是 Global DNS 和 CDN（Contents Delivery Network）这 2 个功能。

首先，在 Web 架构中，由于是使用 HTTP 通过 URL 来访问服务，因此首先需要进行域名解析的功能。可以利用 DNS 服务，通过权威 DNS 获得最佳的路径来完成域名解析。接着，在从互联网上下载很大的 PDF 等文件时，是不是很花时间？为了更快地完成这一操作，会使用 Akamai、Lime Light、Level 3、Amazon Cloudfront 等具有代表性的 CDN。使用缓存功能可以在全球性的互联网中广泛快速地访问网站，从而获得很大的速度提升。

Global DNS 和 CDN 不一定要使用与云计算服务相同供应商的产品。但使用相同供应商的产品，可以加强服务之间的协作性，并且因为处于同一个数据中心，所以可能会使性能有所提升。图 7.12 是以包含了完整服务的 Amazon Web Services 为例的结构图。第 1 次请求通过 Global DNS 的 Route53，在离用户端延迟最低的边缘节点位置（数据中心）进行域名解析。这个响应会被缓存在延迟最低的同一个边缘节点位置的

CDN Cloudfront 中。接着,由于 DNS 已被缓存,数据也被缓存起来,因此第 2 次请求在 Cloudfront 就能完成处理。由于只通过 Cloudfront 的缓存就完成了处理,不需要后端服务器(Origin)的处理,因此可以大幅度提升响应速度。

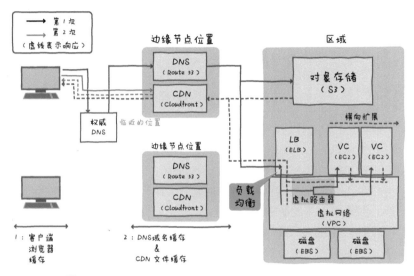

图 7.12　网络

接着来讨论一下 "②位于虚拟网络的 LAN 上的负载均衡器部分",Amazon Web Services、Google Compute Engine、Microsoft Windows Azure 中都有各自的负载均衡器(LB)。反之,在虚拟机上也可以搭建软件型负载均衡器,关键是使用哪一个方案。

基本上,在没有很大制约的情况下,如果 LB 的目的是让前端部分的访问分散开来,那么最好使用云计算自己的 LB。这种 LB 具有云计算特有的可扩展性功能,还可以根据负载来扩展后端的虚拟机。特别是云计算环境中的负载均衡需要将虚拟网络考虑在内,由于宿主机是由云计算供应商管理的,因此可以认为云计算自己的 LB 最适合这个环境。但是,有些时候不需要企业级系统所要求的高度的负载均衡功能,因此只在需要这个功能的时候考虑使用软件 LB 即可。

对于 HTTP（S）请求的性能信息，可以使用云计算环境的监控功能来进行收集和分析。

7.3.5 后端的分布式处理：数据存储的知识（从 ACID 到 BASE）

接着来说明一下后端部分的分布式处理的情况。我们在第 4 章中提到过，DB 适合于纵向扩展。那么如何实现分布式处理呢？首先，RDB 具有 ACID（Atomicity、Consistency、Isolation、Durability）的特性，如果完全遵循此特性，将很难实现，因此 ACID 就变为了 BASE（Basically Available、Soft state、Eventually consistent）。BASE 是在讲松耦合、异步的时候提到的知识，对于在线系统中数据结构比较简单的数据，将其替换为 Object Cache 或 KVS 等就能获得可扩展性。如果是存储系统的数据，而且访问频率不高的话，也可以选择使用云计算型数据仓库（Data Warehouse）。图 7.13 是 Amazon Web Services 中的分布式和横向扩展的模式。

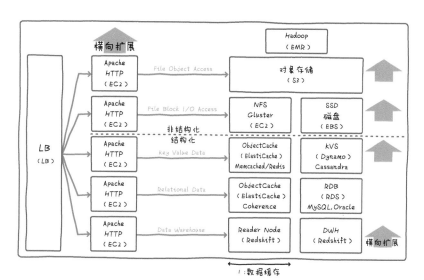

图 7.13 数据存储

7.3.6 提高 TCP 通信的速度

在云计算环境中，搭建系统时的一大挑战就是从本地部署环境中迁移大量数据。具有代表性的办法有 2 种："①使用专线"和"②使用 WAN 加速功能"。特别是本地部署环境中签约的 ISP 经常会带宽不够，TCP 通信的 TCP 响应、慢启动、拥塞控制等会导致系统开销增加。

方法①是通过保证带宽来避免问题。但是，Global Network 的情况下，从铺设专线的费用和时间这两方面来看，这一方法有时是不现实的。方法②是使用 WAN 的加速功能。想要提高每个文件的传送速度，可以使用 IBM 公司的 Aspera，想要在应用程序级别提升网络速度，可以使用 Riverbed 公司的 Steelhead 等。

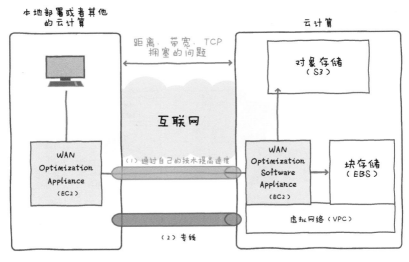

图 7.14　提高 WAN 网络传输的效率

7.3.7 提高对象存储的速度

如果想以文件为单位进行存储，那么作为云计算环境的磁盘，一个可选方案就是对象存储，代表性的服务有 Amazon S3。比起性能，S3 更重视耐久性，把文件分散存储到多个数据中心。存放文件的路径称为键（Key），这个键也具有分区的作用，通过把存放位置分层、分散，能够调整性能。详细内容请参考 Amazon 官方博客。[①]

7.3.8 C 语言？Java 语言？还是脚本语言？

在云计算环境中实现的应用程序的编程语言哪个用得更多？由于 IaaS 可移植性比较高，只要是云计算环境所对应的 OS 能提供运行环境的语言，那任何编程语言都是可以的，但用的比较多的还是 Java、C# 等具有 Web 框架的语言，以及 PHP、Python 所代表的脚本语言。原因是很多云计算是单纯用来部署 Web 应用程序的，而这两种语言轻量，方便分布式处理。另一个原因就是，如果要把云计算的控制和服务当作应用程序来使用，就需要调用 Web 服务，而要在应用程序中嵌入其实现，就需要支持云计算服务提供的 SDK 的语言，相应的语言就是 Java、C#、PHP、Python 等。

Native C 和 C++ 很少被使用也是实情。由于这些语言能在 OS Native 运行，能够进行套接字编程，因此常常用于对性能要求很高的底层应用程序或事务处理中。主要提供基于 Java 的应用程序的 Oracle 公司，在搭建追求性能的 Oracle 数据库和 Oracle Tuxedo 时也使用 C 语言。不使用的原因就是，在搭建分布式的可扩展的应用程序时，需要使用 Web 服务来发送指令，但由于没有针对这些语言的官方的 SDK，而且在进行 socket 编程时扩展的节点的 IP 地址信息不确定，因此需要考虑实现时的工作量。但是在 HPC（High Performance Computing）领域，不仅是以往的用于节点内的分布式处理的 OpenMP，用于节点间并行计算的 MPI 的使用也越来越多。

此外，对于 PaaS，只能选择 PaaS 服务指定的语言。也有像 Saleforce 公司的 Force.com 的 APEX 这样提供自己的语言的服务。

---

① http://docs.amazonaws.cn/AmazonS3/latest/dev/request-rate-perf-considerations.html

7.3.9 云计算环境下高性能服务的架构

在云计算环境中，要实现性能要求更高的架构，需要怎么做呢？虽说出现了高规格的实例类型，但由于实例自身存在性能上限，因此会使用名为集群计算（Cluster Compute）的架构。提到集群，可能有人会想到负责 HA 功能的集群软件。本来集群的意思就是"把多个东西看作 1 个"。集群架构可以像 HA 那样把 2 台看作 1 台以提高稳定性，通过把多台看作 1 台，不用修改方式就能实现横向扩展，或者组成组（Group）。

集群计算由"计算节点"和"管理节点"2 个功能组成。计算节点就是在执行实际处理的节点，根据处理的负载情况，增加节点数来进行横向扩展。管理节点的功能就是控制计算节点。

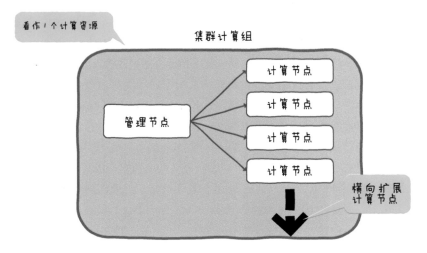

图 7.15 集群计算

在云计算环境中追求高性能的代表性例子有"① HPC（Star Cluster）""② Hadoop（Elastic Map Reduce）""③ Data Warehouse（Redshift）""④ In Memory DB（SAP HANA）"这 4 个。下面以 Amazon Web Services 上的实现例子为基础进行说明。由于用途不同，多多少少

会有一点差异，但是如图 7.16 所示，可以发现全部都是通过集群计算的
架构来搭建的。

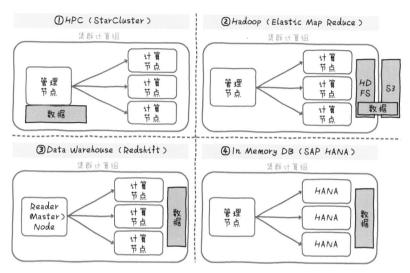

图 7.16 各自的集群计算架构

◉① HPC（Star Cluster）

HPC（High Performance Computing）中也能使用云计算环境。
Amazon Web Services 也提供了用于 HPC 的实例。作为云计算环境的性
能特点，之前介绍了网络的变化，不过用于 HPC 的实例中有一个保证
实例之间的带宽的可选功能称为"置放组"（Placement Group）。这个功
能能够确保在并行处理计算节点的时候，网络不会成为瓶颈，让实例尽
量在物理上也相邻的位置启动。另外，CPU 的型号也是固定的（不过，
由于超线程是在硬件级别设置的，因此不能从"ON"的设置变为
"OFF"）。

在 Amazon Web Services 中，搭建 HPC 环境时有一个名为 Star
Cluster 的标准结构。通过管理节点把处理作为任务（Job）进行控制，
启动多个计算节点来执行并行计算。数据由管理节点集中管理，从计算

节点通过网络访问。

　　应用程序方面把处理分散开的并行计算有 2 种方式。第 1 种是"线程并行",即在 1 个进程中创建多个线程,把每个线程都分配到不同的 CPU 核上进行并行处理。由于内存是共享的,因此在单一节点上能很好地使用多个核的情况下会使用这种方式。代表性的方法有通过编译实现和 OpenMP。第 2 种方式是"进程并行",即启动多个进程,把每个进程都分配到不同的 CPU 核上进行并行处理。由于可以用各自独立的内存进行处理,因此也可以在多个节点之间进行处理。代表性的方法有MPI。在节点扩展的云计算的 HPC 环境中,适合使用 MPI。

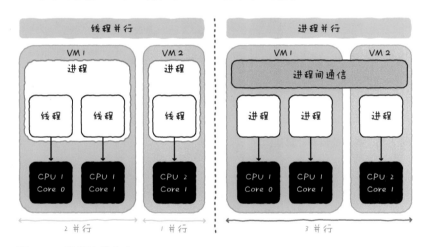

图 7.17　并行计算方式

◉② Hadoop(Elastic Map Reduce)

　　Hadoop 是一个大数据的分布式处理框架,Amazon Web Services 上搭建了名为 EMR(Elastic Map Recude)的 Hadoop 的环境。在 EMR 中,通过管理节点控制处理任务,指定计算节点数进行并行计算。在需要提升 Hadoop 的批处理的吞吐时,可以增加计算节点数,通过横向扩展来应对。这些计算用的数据不存放在管理节点,而存放在 HDFS 或 S3,计算结果也输出到那里。

◉③ Data Warehouse（Redshift）

　　Data Warehouse 是分析专用的数据仓库，具有可以像行那样保存列的列式数据库的特性，但是基本结构是 RDB。Amazon Web Services 中有一个名为 Redshift 的可进行扩展的 Data Warehouse 服务。

　　为什么 RDB 还能扩展呢？这是因为其结构上的一些特点。与 HPC 和 Hadoop 不同，Redshift 的功能几乎只有查询。因此，把管理节点的功能作为 Reader Node 放到了查询节点。Redshift 中有一个称为分布式 Key 的特殊设置，通过这个 Key 能把数据分散到各个计算节点，从而实现分布式处理。

◉④ In Memory DB (SAP HANA)

　　提高 RDB 速度的一个方法是 In Memory DB，SAP HANA 就是代表性的例子。在 Amazon Web Services 中，虽然支持 SAP HANA 的运行，但是因为 In Memory DB 会消耗大量的内存，所以可能会超过实例类型的上限。因此，在使用管理节点进行控制的前提下，In Memory DB 可以通过增加某个节点的横向扩展来保证内存。具体请参考技术文档 *SAP HANA on AWS Implementation and Operations Guide*[①]。

＊　＊　＊

　　所有的方法都是把多个节点当作一个整体包含在集群计算中，来实现高负载的分布式处理。

7.3.10　开放迁移与云计算迁移

　　如此看来，集群计算的结构正是网格结构，是在云计算上实现网格计算的形式。大家有没有觉得迁移至云计算环境时应用程序方式的变更，与互联网发展时期从集中式的以 C 和 COBOL 为中心的主机（Mainframe）变为分布式的以 Java 和 .Net 为中心的开放迁移（Open

---

[①]　http://awsmedia.s3.amazonaws.com/SAP_HANA_on_AWS_Implementation_and_Operations_Guide.pdf

Migration）相类似呢？那个时候为了实现高负载，想出了网格的方案。近年来，那些本应已经实现分布式的开源系统，在 Oracle 公司、IBM 公司、VCE 协会 [①]、HP 公司的作用下，也在向集中化的方向发展。从各种硬件供应商的应对上可以看出，分布式系统在性能管理和硬件维护管理上很吃力，如果是云计算环境的话，即使是分布式的，管理那些分布式处理的组件也可以以标准化的形式加以使用。

7.3.11　推测云计算的内部结构

至此，可能很多人对云计算的内部结构产生了很大的兴趣。为了理解云计算的本质，了解一下 Amazon 和 Google 的系统方式以及它们是如何运行的很有价值。特别是 Google，在 Web 网站等上面比较开放地公开了服务内部的设计。推荐大家看一下《Google 核心技术》[②] 这本图书。通过这本书可以了解 PageLank、GFS、BigTable、MapReduce 等具有代表性的服务的架构。

7.4 ║ 云计算环境下性能分析的方法

下面，我们将围绕着云计算环境下可以想到的典型的应用程序方式，解说一下云计算内部的性能瓶颈的分析方法和具有可操作性的调优、应对方法。

7.4.1　获得云计算环境的基准数据的价值与不断进化的性能值

一般来说，云计算不会公开它的基准数据。可能有人认为基准数据这种信息，基本上就是针对硬件和软件的指标，并不适用于云计算这种服务。实际上，TPC 的会员中并不包含 Google、Amazon 和 Salesforce

---

① 　Virtual Computing Environment 协会。由 Cisco、EMC、VMware 3 家公司组成。
② 　原书名为『Google を支える技術　巨大システムの内側の世界』，目前尚无中文版。——译者注

这 3 家公司 [①]。

那么，云计算环境需要基准数据吗？如果能简单地搭建系统，那么在云计算环境中搭建系统后实际进行测试，能更好地获得从应用程序的角度出发所需要的数据。但是，如果还没有选定云计算，或者还没有搭建好应用程序，那么获取基准值也算是一个办法。云计算环境的性能在不断提升。不要被互联网上的数据所左右，应该测量一下正确的最新环境的数据。如前所述，需要测量的是与变动因素很多的网络相关的、具有代表性的 2 个地方。第 1 个是"跨越 Web 前端互联网的 HTTP 部分"，第 2 个是"磁盘 I/O 部分"。除此之外的因素，一般与字面上的信息不会差太多。

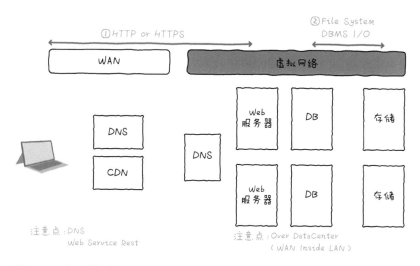

图 7.18　为了获得性能基准数据，建议变动的部分

首先，一般会执行 DNS Benchmarking 等测试来获得 DNS 的性能基准数据。各个 CDN 供应商的性能基准数据会根据发起请求的位置和 HTTP 方法的不同而发生很大的变化，因此最好使用实际的应用程序来测试。此外，各个 CDN 供应商提高速度的逻辑和数据中心网络有细微的差别，也可以选择组合使用多个 CDN。但是，如果想知道各个位置

① http://www.tpc.org/information/who/whoweare.asp

的大致情况，可以在 Cedexis 公司的主页上确认各个 CDN 供应商的各个位置的响应和吞吐等最新信息。

　　云计算型 LB 的性能基准数据可以使用具有代表性的负载工具来测试，但是发送信息的源头是同一个的话，可能会被分配到同一个后端的实例，因此可以选择发送信息的源头能够随机变化的 curl-loader 等工具。在通过 CDN 的情况下，CDN 也是基于 IP 来获得位置信息，因此是一样的。关于 Amazon Web Services 所提供的 Elastic Load Ballancing，建议大家在测试前先读一下 *Best Practices in Evaluating Elastic Load Balancing*[①] 这篇文章。关于 I/O，由于以批处理为代表的 Sequential 处理和以 OLTP 为代表的 Random 处理会根据各自的 Read 和 Write 的不同而结果有所不同，因此建议基于实例和磁盘的设置来测量趋势和临界值。

　　【具有代表性的工具】

- DNS Benchmarking
- Apache Bench
- Apache JMeter
- curl-loader
- FIO
- IO Meter
- ORION
- SQLIO

　　这里由于篇幅的原因，不再介绍详细的分析方法，Amazon Web Services 提供了一些获取基准数据的资料，可以用来参考。

Best Practices for Benchmarking and Performance Analysis in the Cloud[②]

COLUMN

性能领域是理科工程师的特权？

　　系统工程师这个职业经常处于人才匮乏的状态，在日本文科

---

① 　https://aws.amazon.com/articles/1636185810492479

② 　https://s3.amazonaws.com/horiyasu/awsmedia/BestPracticesforBenchmarkingV2.pdf

出身的系统工程师也很多，特别是语法在编程中占很大比重，所以文科出身的优秀程序员好像也很多。但是，以笔者至今为止的经验来看，在复杂度很高的性能调优领域，几乎是理科工程师独当一面。顺便一提，本书的作者也全部都是理科出身的。这是因为，要进行复杂度很高的性能分析与调优，必须有数学与物理学的直觉。特别是，在把处理方式适用到架构后的瓶颈分析与相关分析中，故障处理时需要瞬间的数值处理能力，比如相关分析、回归分析、概率统计等技能，因此在实践上也明显需要理科的基础。这里重要的是对数值规模的感觉。对 1000 IOPS、8 K 数据块、200 MB/s、1000 TPS 这些单位有一个大致的把握，那么速度是快还是慢，就能瞬间判断出来了。

7.4.2　Web 系统的基本分析方法

通过之前的说明，大家是否理解云计算中性能的概念及其与本地部署的差异了呢？现在我们开始从实践的角度，来看一下云计算中具有代表性的系统结构的性能分析的例子。

首先，搭建 Web 系统的时候，有时会以云计算部分为中心，从 IaaS 中生成一个个组件来搭建，在这种情况下，分析方法与第 5 章介绍的内容没有太大的变化。即使有一些差异 LB → HTTP、AP 服务器 → DB 的结构下，以虚拟机的实例为基础)，也只是如何分析云计算固有的变动部分这种程度而已。对于云计算部分的瓶颈，可以使用云计算标准监控工具来分析，不过也有通过使用 LB 或 DB 的管理服务来增加能监控的项目的云计算服务。基本上是对各个实例分别进行分析的形式。直接向 PaaS 部署应用程序的时候，不需要关心内部的实例资源，只需确认 PaaS 服务整体的资源的状态。

图 7.19 是使用 Amazon Web Services 搭建的例子，通过使用 ElasticBeansTalk 这个服务，可以像 PaaS 那样来使用系统。这种情况下，云计算服务的监控功能不再关注内部各个实例的资源，而变成了显示整

体资源的形式。为便于理解，我们以 3 台 Web 服务器的 CPU 使用率为
例来具体看一下。IaaS 的情况下，如果 1 号机是 20%，2 号机是 20%，
3 号机是 80%，那么监视各自的资源，在负载均衡器能正常运转的前提
下，3 号机会触发警报，这时就需要思考对策。PaaS 的情况下，即使其
内部由 3 台机器构成，也只关注 3 台平均是 40%，不关心内部各个实例
资源的差别，而是从整体来观察资源。

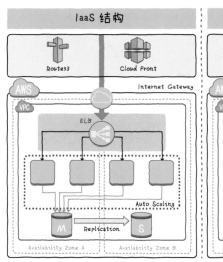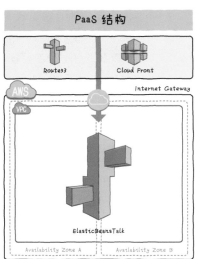

图 7.19　Web 系统的结构

7.4.3　批处理系统的基本分析方法

　　批处理的性能指标是处理时间（吞吐）。为了提高吞吐而导致瓶颈
的代表性例子有 CPU 与磁盘的吞吐，我们分别来讨论一下。

　　这里我们要使用之前学过的并行分布式处理的方法。例如，单个花
费 1 小时的任务所组成的任务组，按顺序执行的话会花费 5 小时。

　　首先，我们从 CPU 瓶颈的角度来看一下。在本地部署环境下，为
了能进行并行处理，需要重新安排物理资源。但是，在云计算环境下，
不论是用 1 台进行 5 个小时的处理，还是用 5 台分别进行 1 个小时的处

理，在按使用量收费的情况下，总费用都没有变化。而通过并行处理，处理时间（吞吐）变成了原来的 1/5。在并行处理任务的时候，需要在一开始把处理的数据分割开来，最后再进行合并，通过框架来实现这一工作的代表性例子就是 Hadoop。

接着，我们再从磁盘的吞吐的角度来看一下。块型的存储 I/O 速度比较快，但是在进行处理大量数据的批处理的时候，由于云计算的虚拟网络的限制，实例与块存储间的吞吐在单机上可能会达到临界值。此外，变为并行处理后，还需要考虑如何共享批处理用的文件。本地部署环境下使用强大的共享存储与 SAN 就能解决，但是在云计算环境下，很多情况下这么做并不现实。

一个有效的解决方案是，在分割处理后，妥善使用对象存储，共享文件。由于对象存储可以实现分布式与键的调优，因此可以通过使实例的分散与文件的分散同时完成来进行处理。

这样一来，随着向云计算环境的迁移，比起响应指标的在线系统，吞吐指标的批处理系统变化更大。

7.4.4 云计算的自动扩展功能

此外，云计算服务中有自动伸缩的功能。在 Amazon Web Services 中有一个名为 AutoScaling 的功能，它能以各种维度的阈值信息为基础，设置上限和下限后，自动横向扩展。虽然 AutoScaling 功能很方便，但从应用程序的角度来看，由于会进行横向扩展、横向缩减，因此，对于变化的 IP 地址的各个实例，如何能在不产生影响的情况下进行访问就成为了一个课题。在线系统的情况下通过设置 Elastic Load Balancer，批处理应用的情况下通过设置 Simple Queue Services，那么即便不改变应用程序的功能，也能以松耦合的形式来完成处理，实现自动扩展。

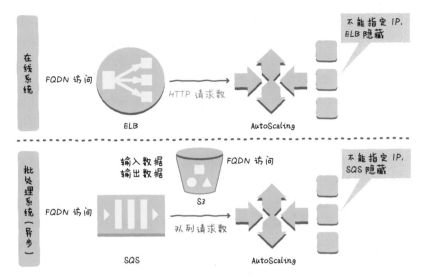

图 7.20　确保可扩展性的 AutoScaling

7.4.5　解析云计算环境中的复杂信息的统计方法

　　正如第 4 章介绍的 "90 百分位" 一样，在云计算中经常会出现 "尖峰"（Spike）这种突然发生的现象。例如，Amazon Web Services 中有一个名为 Provisioned IOPS 的指定 IOPS 的功能，只能保证 99.9% 的时间里提供 ±10% 的预配置 IOPS 性能。这完全属于统计的世界。简单地把包含尖峰在内的值平均的话，会让平均值变得混乱。云计算环境中性能分析的关键就是如何将这个分散置于可信区间中，来计算相关值。

　　维度信息如果间隔很长就以摘要的形式输出。因此，为了掌握整体的瓶颈，使用云计算服务标准的图像功能就足够了。Amazon Web Services 的监控服务 CloudWatch 的图像功能中，能在 Y 轴输入 2 次，所以将 X 轴设置为时间，在 Y 轴放入 2 个元素，就能看出这 2 个数据的相关性的时间序列变化。但是，为了进行更详细的分析，建议使用 R 语言等工具来读取原始数据进行解析。

　　由于篇幅的限制，本书没有介绍使用统计来进行容量分析，但笔者认为，基于计算机理论进行的实践性的容量分析，其分析能力的差异本质就在统计分析方法上。通过这种分析能力，在云计算环境中甚至能进行成本调优。

7.5 云计算环境中开发阶段的思维方式

在云计算环境下，比起技术方面的差异，思维方式上的差异更为明显，这一点想必大家从之前的说明中也能理解了。笔者认为，在实际业务层面最大的变化就是对以往的以硬件配置为前提的开发运维流程的影响。

在互联网交易或证券交易领域，业务的峰值变化相当剧烈，很难推测其变化趋势，因此系统管理者和经营者经常苦恼于硬件的估算（Sizing）。实际上，Amazon.com 在维护峰值变化剧烈的 EC 网站时，因为难以根据峰值进行硬件估算，于是就把剩余的资源当作云计算向外部提供，由此产生了 Amazon Web Services 的云计算服务。

通过前面的介绍，大家应该明白了云计算适用于峰值波动很剧烈的系统。那么对于峰值波动不大的系统来说又是怎样的呢？在这些系统中，如果迁移了应用程序的话，消费的资源也会有所变化。当然，严谨起见要先推断好再进行估算。

那么，为什么要进行第 5 章中介绍的严密而又详细的性能设计呢？原因就是搭建系统需要配置硬件。如果准备了规格不够的硬件，在测试工程中发现规格不够的话，系统就不能如期开始运转。云计算的情况下，正如本章开头所说，不需要关心硬件，因此也就不再需要这些流程了，但云计算环境下大规模开发项目的议题很多时候都是与性能相关的。

接下来，让我们针对具体的项目开发阶段中与性能密切相关的"①估算（基本设计）""②性能测试（系统测试）""③项目管理"这 3 个方面，来看一下实际项目中的方法。

7.5.1 估算（基本设计）

感觉敏锐的人可能会认为在不需要准备硬件的云计算环境中就不需要进行估算了，但实际上是需要的。关于这一点大致有 2 种观点。

首先，在云计算环境下，可以立即准备好环境，大小不合适的话也可以立即修改，因此即使不进行严密的估算，也没什么问题，这就是云计算的优点。但是由于成本会根据选定的大小而有所变化，因此在需要严密的成本管理和选择环境的理由时，需要在需求定义和设计阶段就进行估算。第 1 个观点就是成本计算。

此外，在第 5 章中也提到过临界测试阶段的估算，这在判断是否利用云计算环境时是很重要的。前面提到过云计算非常适用于分布式处理方式，但在现有的本地部署环境下，企业级系统很多都是集中式的处理方式。如果按照这种方式原封不动地迁移到云计算环境，可能就会碰到瓶颈，为了消除这种风险，有时就需要进行估算。像这样，第 2 个观点就是考虑了临界容量的可实现性的确认。

尽管如此，很多云计算供应商并不提供官方的基准数据。并且，根据云计算服务的特性，很多地方经常会有定期的性能变化，可能过去第三方实施过的基准数据也没有参考价值。因此，在需要进行严密的估算时，项目中经常使用通过执行 POC 来进行估算的方法。POC 是 Proof of Concept（概念验证）的缩写，意思是"对纸上的预测进行验证"。云计算的情况下，由于能在瞬间准备好多种模式的环境用于验证，因此经常会充分利用这个优势，通过 POC 来验证运行情况、搭建模式与费用。

当然，这需要对云计算很熟悉，所以可能需要一定的时间，但很多问题在这个阶段可以被解决掉。云计算的情况下，虽然计算机理论的知识也很重要，但充分利用软件所特有的能够进行试错、修改的优点，通过 POC，不断地进行 Try and Error，这样的验证也是很重要的。也就是说，在这种环境中更容易实践性能分析的铁则——"不要推测，去测量"。从这个意义上来说，可以说通过估算，设计和单元性能测试的工程被浓缩为一体了。

7.5.2 性能测试（系统测试）

在第 5 章详细说明的性能测试中，我们从以实际的业务量与完成的应用程序为前提的系统测试的角度来考虑一下。本地部署的情况下，在这个阶段资源不足将事关重大，有时可能需要硬件级别的调优或者再次下单，这样就会影响到运行计划。但是，云计算的情况下，很多时候会事先很好地进行估算，通过修改云计算的设置就能解决，如果是分布式架构的话，还可以立即扩展资源来处理问题。实际上，在这个阶段即使发生问题，也很少会对项目计划有致命的影响，能够充分发挥云计算的灵活性。

不过，需要注意并非全都是优点。云计算服务的核心是根据负载按使用量收费。因此，对云计算服务施加负载进行性能测试的时候，会根据这个流量进行收费，所以需要事先跟相关人员商量调整工具、场景、费用等。此外，正如之前的分析手法中提到的那样，商业中间件与云计算服务之间的原因剖析可能会比较困难。不过，再现或验证多个情况的环境比较容易搭建，在同一个云计算服务下，如果构成条件相同，就是相同的环境，因此可以当作全局发生的现象。实际上，在变更多个模式或资源来尝试的情况下，有时候还没有定位到错误就可以解决。这不也是云计算的优点吗？

7.5.3 项目管理

下面说明一下这些变化对项目管理会有怎样的影响。首先，准备硬件的时间缩短，因此可以缩短开发周期。此外，也能降低采购的硬件规格不符合要求的风险，也能比较灵活地应对用户的需求变更和业务量变更。

当然，需要习惯云计算环境，需要进行调查等，但通过利用云计算环境的灵活性与敏捷性，总体来说能降低项目风险。在实际的项目现场，经验是很重要的。由于同样的云计算环境的功能和基准数据在别的项目中也能直接使用，因此以之前学到的知识和环境模板为基础，由几个习惯云计算环境的优秀项目经理来运营多个云计算环境中的大规模开发项目是可能的。

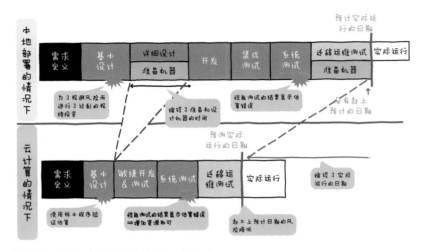

图 7.21 云计算环境下的性能测试工程

▌▌▌ COLUMN

云计算环境下，经营者也需要关注详细的性能数据吗？

在本地部署环境中，以 CPU、内存、磁盘等具有代表性的规格要素为基础引入硬件后的性能管理，只需确认系统资源是否接近所引入的硬件规格的临界值即可，只有硬件是否增强会对成本产生影响。很多云计算服务基于详细的性能数据规定了详细的收费模式，或者按使用量收费。因此，在估算费用的时候，也需要详细的性能结果数据，运行后费用也会根据业务的负载情况发生变动。特别是针对这个业务量的传送量、I/O 数、HTTP 请求数等的测量很难，不让应用程序实际运行一下的话就很难获得详细的数据。

有意思的是，正是由于这种收费模式，一般来说只有工程师会关注的传送量、I/O 数、HTTP 请求数等详细的性能指标数据会直接反映到费用上，因此需要经营者掌握这些性能指标及其含义。使用云计算后，容量与成本就联系到了一起，因此云计算可能是促使经营者学习容量分析的一个有效手段。

7.6 ‖ 云计算环境中运维阶段的思维方式

云计算环境中的运维很复杂，要写的话能写一本书了。这里我们来介绍一下在系统运行后的运维阶段中特别重要的内容，以此来结束本章。下面将从与性能密切相关的"①容量管理""②故障发生时的降规模容量运维""③生命周期与更新"这 3 方面，来说明实际项目中的方法。

7.6.1 容量管理

云计算环境下的容量管理，根据云计算环境的"①不需要关心硬件"和"②按使用量收费"这 2 个特点，短期容量管理与长期容量管理有很大的不同。那么从根本上来说，对已经完成完善的设计和测试，并已经开始运行了的系统进行容量管理的目的是什么呢？主要的目的就是确认对于峰值波动很剧烈的业务量的变更，系统资源是否会耗尽。为了模拟长期的趋势，可能会使用从分布图进行回归分析等统计方法。

基本上来说，在考虑资源的界限时可以以虚拟环境下有限的硬件资源为中心。这是因为在应用程序调优后，如果系统资源还是吃紧，就必须对物理上有限的硬件进行增强。

由于硬件的准备与增强的设置需要时间，因此把用于判断的资源阈值设置得低一些，或者每月进行长期分析，以避免资源到达极限的情况出现，从而降低风险。不过，采取这个方法的话，硬件资源就难免出现剩余。

在云计算环境中不需要关心硬件，硬件的界限取决于各个云计算服务的界限。规模经济理论在云计算业务中能站得住脚，因此如果使用市场占有率较高的云计算服务，就可以认为硬件资源的上限值很大，每个用户能使用的资源接近无限大。由于可以迅速地准备好资源，瞬间完成纵向扩展、横向扩展，因此短期分析和长期分析的对策也就没有太大的区别了。此外，由于阈值可以设置得比较高，因此也很容易防止资源过剩的趋势。

另外，因为是按使用量收费，所以通过削减闲置的资源，可以动态地降低成本。如图 7.22 所示，本地部署的情况下需要根据峰值准备相应的硬件资源，而在云计算的情况下，则可以很简单地根据峰值上下调整资源。

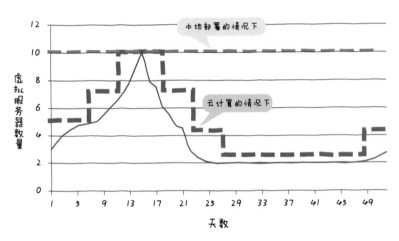

图 7.22　长期分析中的选择方法

在云计算环境下，容量管理与成本管理是一体的。因此，除了应对峰值，在没有业务流量的时间段内动态削减多余的资源，降低成本，也是很有价值的。这不就是云计算特有的运维技巧吗？

有的云计算服务具有根据资源和费用的发生条件来自动增减资源的功能。而要确定这些条件，必须详细把握业务量的变动情况和价格体系，所以难度很大。但是可以花些精力，通过实现逻辑来自动完成增减，这在大规模系统中能够节省大量的费用。

‖‖‖ COLUMN

阈值设置与系统安全系数、标准化的价值

即使已经实行了容量管理，但是能明确应对容量分析的案例还是很少。比较有代表性的就是 CPU 的报警设置。特别是本地部署的情况下，由于有硬件的限制与追加调整的时间限制，很多

小心谨慎的客户会把阈值设置得比较低（例如50%或70%）。然而，如果瞬间达到阈值而经常发出通知，或者因接近上限而进入等待队列状态时却没有具体对策的话，与设置和维护的工时相比较，设置低阈值的方法效果不大。此外，关于设备调度，将高峰性能乘上安全系数（例如1.2）得到风险系数来进行估算，并且也考虑到了故障时的降规模运行，因此基本上是在资源过剩的状态下进行迁移。

此外，最近还出现了通过实现系统的标准化来降低运维成本的方法。不仅是互联网公司，就连企业型公司也在推行标准化。运维成本能够降低的原因就是通过完成标准化，操作被统一，以很少的人数就能操作很多的系统。

的确，以统一的格式来获得性能信息项目有很大的优势，比如促进信息管理的集中化，从而进行各种分析。不过笔者认为，即使提高了性能管理的效率，性能分析的本质也还是没有改变。也就是说，性能分析很大程度上取决于业务特性和方式等。一个企业中一般会有各种特性的系统，可以根据系统特性整理阈值设置和监控项目，结合其特性来进行性能分析。

此外，在运维设计阶段，多大程度地获得性能维度的详细信息来进行监控经常会成为一个议题。本地部署环境的情况下，出于保险起见，通常会根据供应商的环境获得 OS、存储、DB、Java VM、HTTP 等多种维度。但是收到关于这些信息的警报后，可能不知道该怎么应对。在查找故障的原因时，这些详细的维度信息是很有必要的。因为这些详细的维度信息对服务本身不会产生影响，所以只要收集信息，让能进行性能调优的高级工程师参考就可以了。

这种思维方式在云计算中也是一样的。在云计算环境下，云计算内部基本的维度信息，是通过云计算标准的监控功能自动收集的，因此就不需要讨论收集项目了。通常会整理标准服务的监控项目的不足和维度的意义。

7.6.2 故障发生时的降规模容量运维

一般来说，在本地部署环境中，基于可用性需求，为了实现 HA（High Availability），与生产环境同样规格的物理服务器需要翻一倍，而基于服务的持续性需求，为了实现 DR（Disaster Recovery），物理服务器需要再翻一倍。另外，数据中心之间的专线铺设也需要很大一笔费用。根据需求和方式的不同，虽然有改善的余地，但考虑到最坏的同时发生故障的情况，需要准备 4 倍的硬件资源。但是，准备得如此完备的情况很少，在发生故障时往往不得不进行降规模运维。因此，运维负责人在实施故障时的运维之后，要紧接着对降规模后的资源进行容量管理运维，最后再切换回去（Failback）。

而云计算环境下不需要关注硬件资源，因此在发生故障的时候，把生产环境中的服务器的虚拟机以相同的虚拟机规格重新启动，就可以在不影响别的硬件资源的情况下运行了。此外，有的云计算服务可以使用云计算内的专线来实现横跨数据中心的虚拟网络，也能在别的数据中心以相同的虚拟机规格进行启动。PaaS 的情况下，这些 HA 和 DR 功能有时可能已经包含在服务中。像这样，数据中心被抽象化，在 DR 的时候不需要同时切换系统，HA 和 DR 的 2 种思考方式也很接近了。

云计算环境下不需要准备 4 倍的硬件资源，基本上也不需要考虑故障时降规模后的资源的容量运维。这是一个很大的变化。此外，因为是按使用量收费，只对运行中的服务收费，因此可以大幅降低成本和运维压力。

实际上，在大部分大企业的 IT 投资中，HA 和 DR 所花费的成本与降规模后的资源的容量运维是共同的课题，云计算环境就是这些课题的解决方案。

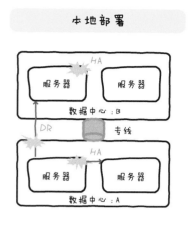
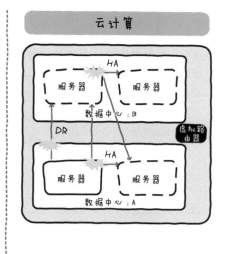

图 7.23 降规模时的性能

7.6.3 生命周期与更新

系统运维人员比较头痛的一个问题就是硬件资源的生命周期。特别是在大规模开发项目中，因为开发周期很长，准备的硬件在运行后没多久就要面对是否可以继续使用的问题。此外，CPU 的开发速度很快，其性能也在突飞猛进地提升，在性能需求比较高的系统中，为了维持竞争力，经常需要替换成最新的 CPU。在实际进行运维的过程中，比起应用程序需求的变更，硬件的更新更容易成为系统更新的契机。

云计算环境下不需要关注硬件，因此可以使用云计算环境所能提供的最新的 CPU。此外，云计算环境下，根据服务和用户的扩展，经常会进行更新操作，所以是在用户不知情的情况下自然而然地完成更新的。此外，虽然准备的软件版本基本上是固定的，但在云计算环境下，由于功能以服务的形式提供，因此经常可以使用硬件和软件的最新功能。实际上，在各种云计算服务中，能够处理高负载的高端服务正在不断被发布，用户可以随时使用。

　　换句话说，云计算环境下经常可以使用最新版本。在本地部署环境下，与最新的基准性能测试结果相比，性能会随着时间的推移逐渐下降，而在云计算环境下可以使用最新的版本，因此性能可以随着时间的推移逐渐提升。这就是云计算环境的一大优势。相反，在云计算环境下，基于以往的以环境不变为前提的容量管理同时进行切换更新的方法，正在变为引入最新功能，不断改善性能，通过运维部门来积极改善容量的方法。

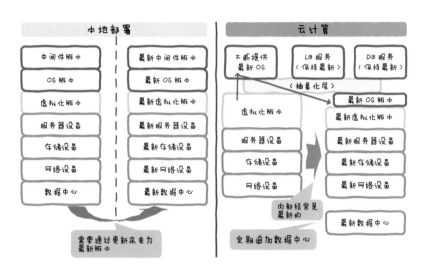

图 7.24　不断更新的云计算

COLUMN

云计算实现的 DevOps 中性能调优的高效化

　　云计算的一大特征就是可以通过软件，即程序代码来控制所有的基础设施，这也是我们在第 1 章的专栏中说的系统工程师学习编程很重要的原因。换句话说，之前的章节中学过的评价与改善的实现，通过代码中加入条件，就可以进行更高级、更细致的控制。这么看来，那些了解系统基础设施技术并会编写应用程序代码的工程师就成为了云计算所需要的技术人才。

在这种技术组合体制的作用下，开发和运维的分界线逐渐模糊，仅凭少数人就能完成高效的开发和运维。之前介绍了云计算环境中开发与运维方式的变化，可能有人已经从中认识到二者的周期在变短，门槛也在变低。这就是被称为 DevOps 的思维方式，通过互相协作来不断完成业务成果。特别是自己开发应用程序的企业正在越来越多地采用这个方法。在企业级应用领域，在使用云计算环境的时候，有时也会讨论组织变革。在各种运维工作中，与应用程序管理密切相关的应用程序部署效率提高得最显著。有兴趣的读者请读一下《持续交付：发布可靠软件的系统方法》这本书。

那么，将其应用到性能调优工作中会怎样呢？在本地部署的大规模工程中，在开发阶段，一般来说应用程序负责人与基础设施负责人有明确划分，甚至通过细化应用程序的功能单位和技术，来详细划分数据库和网络等的技术层级单位，建立开发体制。性能调优以基础设施负责人为中心，从分析资源开始，对硬件和各种中间件的参数进行调优，但也有可能问题出在应用程序本身或业务量的峰值性上。这些信息由应用程序负责人所掌握，因此在调优时需要进行各种调整工作。如果采用 DevOps，应用程序负责人就能直接进行调优，也就能实现在掌握逻辑和业务量的基础上进行调优了。

实际上，必须由基础设施工程师完成的是硬件调优部分，但通过利用云计算，硬件被抽象化了，基础设施就能像软件一样进行控制。因此笔者认为，在云计算环境中，由具有一定的系统基础设施知识的少数应用程序工程师作为调优主力是合理的。

参考文献

『ハイパフォーマンスWebサイト —高速サイトを実現する14のルール』

（オライリージャパン、ISBN9784873113616）

　　作者在书中展示了 Web 站点的性能分析结果，并介绍了如何提高性能。通过阅读本书，你会发现仅 Web 服务器方面就有那么多需要注意的地方。

『絵で見てわかるシステム構築のためのOracle設計』（翔泳社、ISBN9784798124971）

　　在进行参数设计时，会需要各产品的参数的参考值。而本书就提供了很多 Oracle 相关的参考值和可供参考的设计，不过在实际使用时也仅是可供参考的程度而已。

『パフォーマンス改善と事前対策に役立つOracle SQLチューニング』

（翔泳社、ISBN9784798125381）

　　性能中的一个比较热的话题就是 SQL。本书是一本不错的 SQL 调优的入门书（Oracle）。

『「渋滞」の先頭は何をしているのか？』　　　　（宝島社、ISBN9784796658430）

　　本书虽然没有直接涉及计算机性能，但还是建议在读完《堵塞学》后看一下这本。

『Googleを支える技術　～巨大システムの内側の世界』

（技術評論社、ISBN9784774134321）

　　本书介绍了 Google 的内部结构。

『クラウド・アーキテクチャの設計と解析
—分散システムの基礎から大規模データストアまで』

（秀和システム、ISBN9784798027142）

　　本书介绍了分布式系统的基础知识。

Systems Performance：Enterprise and the Cloud[1]

（Prent ice Hall、ISBN9780133390094）

　　从原 Solaris 开发者的角度讲述了网络、Xen、KVM 的分析方法。虽然是本英文书，还是建议一读。

---

[1]　中文版名为《性能之巅：洞悉系统、企业与云计算》，徐章宁等译，电子工业出版社 2015 年 8 月出版。——译者注

作者简介

小田圭二：日本 Oracle 株式会社咨询部门经理。在解决性能问题方面有着丰富的经验。作为产品供应商，为 Oracle 产品等提供咨询服务。将培育人才作为自己毕生的事业，最近还参加了 JPOUG（Japan Oracle User Group）。为《图解 IT 基础设施的机制》《图解系统搭建中的 Oracle 设计》（翔泳社）的审校，著有《图解 OS、存储、网络：DB 的内部机制》《图解 Oracle 的机制》《从 44 个反面模式学习 DB 系统》（翔泳社）、《数据库》（日科技连）、《Oracle 实用技巧》（技术评论社）等。最近的兴趣是育人、三项全能运动和英语。

榑松谷仁：日本 Oracle 株式会社高级首席顾问。小学时开始接触 N-80 BASIC，在 Linux 商业化的黎明期参加了 Linux 软件包开发的学生竞赛，进行了软件包的策划、UI 设计和开发，产品获得 Good Design 奖。还生成过用于测量 Linux 资源的补丁，并被 Linux 内核开发团队所采用。曾在 Emprix 公司（美国本部）就职，为 ISer 和一般企业提供压力测试、性能管理等性能方面的咨询服务，本书的内容就是基于那时的经验而写的。随着 2008 年美国 Oracle 公司收购 Emprix 公司的 Web 产品部门，开始就职于日本 Oracle 公司。现在除了之前的工作之外，还负责为使用 Java、WebLogic、Exalogic 等中间件产品的客户提供咨询服务。作为兴趣，正在学习生态系统管理学，以管理自己在伊豆的山林。

冈田宪昌：曾在某 IT 公司做基础设施的设计、搭建和运维工作，后来成为日本 Oracle 公司的咨询顾问，负责 Oracle 产品的设计和 PM 支持、DBA 支持等。现在某大型虚拟化软件供应商做咨询顾问和研发技术经理，负责为虚拟化基础设施和云计算的设计、运维等提供咨询服务。根据这些工作经验，平常会从系统整体出发来处理业务，而不局限于个别功能和产品。共著有《图解系统搭建中的 Oracle 设计》。兴趣是和客户联谊和团队建设，在公司内部有"高级宴会经理"的绰号。私下里正在研究如何既做超级奶爸又做花美男，但还没有取得有效成果。

平山毅：在东京理科大学理工学部上学期间成为 Sun Site 用户，专业是计算机科学和统计学。曾在日本某大型互联网公司就职，之后在日本最大的资本市场、证券系统的智库负责关键业务证券系统的开放迁移的企划、开发和运维。在 OracleOpenWorld 发表了名为 *Oracle Enterprise Manager on AWS* 的演讲。目前在世界上最大的云计算供应商做架构师和咨询顾问，负责了多个大规模的国际性案件。尊敬的人是 Bill Joy。个人格言是"无数据则无系统，应以数据为中心来考虑系统和性能"。喜欢的技术是 Oracle、VCE、AWS。

版 权 声 明

絵で見てわかるシステムパフォーマンスの仕組み
(E de Mite wakaru System Performance no Shikumi:3460-4)
Copyright © 2014 by Keiji Oda, Tanihito Kurematsu, Tsuyoshi Hirayama, Norimasa Okada.
Original Japanese edition published by SHOEISHA Co., Ltd.
Simplified Chinese Character translation rights arranged with
SHOEISHA Co., Ltd. through CREEK & RIVER Co., Ltd. and CREEK &
RIVER SHANGHAI Co., Ltd.
Simplified Chinese Character translation copyright © 2016 by Posts & Telecom Press.

本书中文简体字版由 SHOEISHA Co., Ltd. 授权人民邮电出版社独
家出版。未经出版者书面许可，不得以任何方式复制或抄袭本书内容。
版权所有，侵权必究。

TURING
图灵教育

站在巨人的肩上
Standing on the Shoulders of Giants

TURING

图灵教育

站在巨人的肩上

Standing on the Shoulders of Giants